AF360755

SIROPS

ET CONSERVES

DE RAISINS.

TRAITÉ

SUR

L'ART DE FABRIQUER

LES SIROPS ET LES CONSERVES

DE RAISINS,

DESTINÉS À SUPPLÉER LE SUCRE DES COLONIES

Dans les principaux Usages de l'Économie domestique;

PAR A. A. PARMENTIER,

*Membre de la Légion d'honneur et de l'Institut
de France, &c.*

TROISIÈME ÉDITION,

Revue, corrigée et augmentée.

A PARIS,

Chez MÉQUIGNON aîné, Libraire, rue de l'École
de Médecine.

1810.

AVERTISSEMENT.

Son Exc. le Ministre de l'intérieur, M. le comte *de Champmol*, a fait un appel aux chimistes, pour les inviter à se livrer à la recherche des moyens de suppléer le sucre dans les principaux usages de l'économie domestique. En conséquence, il s'est entouré de plusieurs savans pour leur communiquer ses vues et profiter de leurs observations ; et ce qu'il y a de plus extraordinaire, c'est que M. *Cretet* fut, parmi eux, le seul qui proposa le sirop de raisins comme le moyen le plus efficace de remplir cet objet.

Je n'avais pas l'honneur d'être au nombre des membres qui composaient cette réunion ; mais, instruit par l'un d'eux de la question qui avait été l'objet de la conférence, je m'empressai d'écrire au *Moniteur*, le 7 juin 1808, pour rappeler mes droits aux travaux sur le sucre indigène. Dès le lendemain, la société d'agriculture du département de la

A 3

Seine répara son oubli , en m'inscrivant , dans son dernier programme des prix, sur la liste des chimistes qui s'étaient spécialement occupés de cette recherche. Quelques jours après, le Ministre eut la bonté de me dire que ma proposition était conforme à la sienne ; que, quand il pourrait avoir du sirop de raisins , son intention était que toutes les compotes de fruits et les confitures qui paraîtraient sur sa table , fussent préparées avec ce sirop. Il m'ajouta qu'il desirait que je rédigeasse , le plus promptement possible, une instruction , et je cédai à son vœu.

Je ne puis citer ce bel exemple d'esprit public , cette leçon toujours plus persuasive que le traité le plus clair et le plus complet, sans exprimer en même temps mes regrets sur la perte de ce vertueux Ministre , dont le secrétaire intime a si bien peint les qualités éminentes dans sa notice biographique. « Son » esprit d'ordre et d'économie, dit M. *Fauchat,* » s'étendait à toutes les parties, non dans la » vue d'épargner quelque argent à l'État, mais

» pour produire plus de choses avec les mêmes
» moyens. »

Je ne dois pas non plus oublier de payer la dette de reconnaissance envers l'illustre magistrat qui lui a succédé dans la direction générale du corps impérial et de l'administration des ponts et chaussées, et au ministère de l'intérieur. Ayant également reconnu de quel intérêt il serait pour la France, de trouver sur son territoire et dans le produit de la vigne, aujourd'hui presque sans valeur, une matière sucrante qui pût suppléer le sucre des colonies, M. le comte *de Montalivet* a voulu encourager ce nouveau genre d'industrie, en m'autorisant à faire venir sous son couvert les résultats des essais qu'on tenterait aux deux extrémités de ce vaste Empire.

Ce n'est que dans les premiers jours de juillet de 1808, qu'il m'a été possible de rendre publique ma première instruction : mais, quelle a été ma surprise, lorsque j'ai vu, dans le journal du même mois, une réclama-

A 4

tion sur ma lettre au *Moniteur*, par M. *Proust*, qui feignait de ne pas connaître cette instruction, quoiqu'il en eût reçu un exemplaire quinze jours avant qu'elle parût. Il me reproche, dans cette réclamation, de m'être tu sur ses expériences, et m'accuse de vouloir m'emparer de ses découvertes. Les savans dans l'intimité desquels je passe une partie de ma vie, diront si je garde le silence sur les hommes qui m'ont précédé dans la carrière : je puis m'oublier quelquefois, mais jamais je n'oublie de parler des autres ; et je n'en suis pas réduit, heureusement, à chercher à enlever à personne son patrimoine : mais je ne puis me dispenser, pour éclairer ceux qui ont pu croire que ses plaintes étaient fondées, de reproduire ici les expressions dont je me suis servi. En formant des vœux pour que les opérations du sucrier, appliquées au raisin, fussent couronnées du plus heureux succès, je me récrie : *Eh ! pourquoi mon espoir serait-il déçu ! Le travail se prépare sous les plus heureux auspices :* M. **Proust,** *qui s'en* *occupe d'une manière spéciale, est avantageuse-ment connu en chimie.*

J'ai terminé mon instruction par ces phrases remarquables : *Notre tâche est remplie ; elle finit là où commence celle que M.* Proust *a entreprise ; car il faut, avant tout, que ce savant professeur amène le raisin à l'état de conserve ou de moscouade : il a déjà jeté de grandes lumières sur le véritable état où se trouve le sucre dans ce fruit. . . . Ce qui reste à faire n'est pas le plus facile. Certes, la sagacité et le talent ne seront pas en défaut pour vaincre toutes les difficultés. Nous avons été des premiers à faire connaître les efforts de M.* Proust; *nous ne serons pas des derniers à applaudir à ses succès.*

Ces citations, textuellement rapportées, auraient dû satisfaire M. *Proust,* et l'engager à retirer sa réclamation, ou du moins à l'adoucir ; mais il en avait fait les frais, et n'a pas voulu la sacrifier.

Ennemi de toutes discussions polémiques, parce qu'elles embrouillent plus les questions qu'elles ne les éclaircissent, je suis réellement affligé qu'un chimiste qui a honoré le nom français en Espagne, et propagé, par la voie de l'enseignement, les lumières d'une science aussi généralement utile que la chimie, ait méconnu la justice que j'ai eu tant de plaisir à lui rendre chaque fois que l'occasion s'en est présentée.

J'ai écrit pour être utile à tous; et tant que j'existerai, je ne cesserai de prendre pour règle de ma conduite morale celle de mon illustre ami et collègue *Bayen*: ce savant modeste communiquait volontiers ses vues, au hasard de se les voir enlever, parce qu'il desirait plus qu'elles servissent à l'avancement de la science qu'à sa propre gloire, et qu'il ne voulait pas les étaler, mais en faire part, comme l'a dit ingénieusement *Fontenelle* en parlant de *Cassini*.

Ma première instruction a donné naissance à une foule d'autres: d'abord elle n'était qu'une espèce de manuel populaire sur la préparation du sirop de raisins, entièrement dépouillé de tout l'appareil scientifique, afin

(11)

de ne pas embarrasser la marche de la ménagère dans l'exécution du procédé; mais les
lettres qui m'ont été adressées de toute part
pour avoir plus de renseignemens, m'ont
forcé d'entrer dans certains détails, et d'ex-
céder, malgré moi, les bornes d'une simple
instruction. Quelques critiques de mauvaise
humeur, pour se consoler vraisemblablement du peu de succès de leurs promesses,
ont reproché à mon livre le format et le
volume, sans examiner s'il avait réellement
atteint le but constant que je me suis proposé dans les recherches auxquelles j'ai consacré ma vie; si les vérités utiles que j'y ai
énoncées d'économie et de manipulation, si
les problèmesque j'ai essayé de résoudre, pouvaient, à la rigueur, être renfermés dans un
cadre plus étroit. Au reste, leurs feuilles
pamflétaires sont, en dépit des prôneurs,
reléguées dans les magasins des libraires;
tandis que le public veut bien témoigner,
depuis six mois, la plus vive impatience de
connaître ma troisième édition. Je la qualifie

du nom de *Traité*, qui convient mieux au genre de mon ouvrage.

Assurément, si je n'avais affecté l'emploi du sirop de raisins qu'aux opérations pharmaceutiques, et non aux usages de la médecine pratique, ainsi que quelques personnes s'obstinent à faire considérer mon travail pour en atténuer les avantages, je me serais bien gardé de lui donner le nom de Traité; mais mon objet principal ayant toujours été d'en examiner toutes les applications à l'économie domestique et au commerce, de les multiplier, s'il était possible, il ne fallait laisser rien en arrière. Sous ce double rapport, je desire l'avoir complétement rempli à la satisfaction des amis de la vérité et du bien public.

AUX BONNES MÉNAGÈRES

DES CANTONS VIGNOBLES.

J_{AI} cherché, dans le Traité que je vous consacre, à faire entrer dans la surveillance active et personnelle d'une maîtresse de maison le sucre domestique, *le* sucre indigène, *le* sucre du ménage, qu'on préparait de temps immémorial au midi de l'Europe; les procédés pour y parvenir, faciles à mettre en pratique, sont dignes de vous intéresser. Vous pourrez trouver les jouissances du sucre ordinaire dans quelques paniers de raisin, sans compter le plaisir que donne l'avantage de recueillir sur son propre domaine cet article de la consommation journalière.

O femmes estimables, qui ne sollicitez aucun éloge et les méritez tous, quelle que soit l'opinion vulgaire qui voudrait vous ridiculiser, ne rougissez point d'être surprises en apprêtant vous-mêmes tout ce que vous offrez sur vos tables. Rien n'ajoute plus aux charmes de la propriété que les mets qu'on n'achète point; rien de plus délicieux que ceux préparés par vos mains : il n'y a pas d'occupation plus conforme aux mœurs et au bonheur de la société, que celle à laquelle vous donnez vos instans. Nous vous invitons, en préparant votre provision de raisiné, à mettre en réserve une portion du moût que vous y employez, pour faire en même temps, le même jour et dans le même vase, des sirops, si vous ne voulez pas renoncer à ces petites ressources de dessert dont vous êtes si jalouses d'approvisionner la maison que vous gouvernez avec une sage économie.

Inspirez sur-tout à vos filles le goût du ménage, et formez-les, dès l'enfance, au talent qu'il faut pour le bien gouverner. Qu'elles apprennent l'art de régner sur tout ce qui les environne, par la douceur, la vigilance et la bonté, si elles veulent devenir comme vous des épouses vertueuses, des mères tendres, des maîtresses compatissantes, en un mot, de bonnes ménagères. Heureux celui qui aura l'avantage de posséder le cœur d'une femme qui ressemblera à celle dont Olivier de Serres nous a

(15)

donné la naïve description, avec cette aimable simplicité qui caractérise les écrivains de son temps !
Nous la mettons sous vos yeux, après avoir changé
quelques expressions qui ont vieilli :

« L'homme ne peut souhaiter, en ce monde,
» après la santé, plus grande richesse que d'avoir
» une femme de bien, de bon sens, bonne ména-
» gère. Une telle épouse conduira et instruira
» bien la famille, tiendra la maison remplie de
» tous biens pour y vivre commodément et honora-
» blement. Le mérite de bien tenir son ménage est
» le premier de tous pour la plus grande dame
» comme pour la plus petite, puisque la subsis-
» tance en dépend. Une bonne ménagère entrant
» en une maison pauvre, l'enrichit ; une femme
» dépensière ou fainéante détruit la riche. La petite
» maison s'agrandit entre les mains de la première ;
» entre celles de la dernière, la grande s'appetisse.
» Salomon place le mari de la bonne ménagère
» entre les principaux de la cité : il dit que la
» femme vaillante est la couronne de son mari ;
» qu'elle bâtit la maison, qu'elle plante la vigne ;
» qu'elle ne craint ni le froid ni la gelée ; .... que

» l'on tient des pères, par héritage, la maison et
» les richesses; mais qu'une femme prudente est
» un don de Dieu.

» Ces belles paroles serviront de leçon à notre
» mère de famille. Elle se plaira en son adminis-
» tration, si elle desire d'être louée et honorée de
» ses voisins, révérée et servie de ses enfans; si
» elle fait plus d'état de l'honnête richesse que de
» la hideuse pauvreté; si elle aime mieux prêter
» qu'emprunter; si elle prend plaisir à voir tou-
» jours sa maison pourvue abondamment de toutes
» commodités pour la vie ordinaire, pour recevoir
» des amis, avoir des secours dans les maladies,
» placer avantageusement ses enfans, faire l'au-
» mône aux pauvres, et subvenir aux occurrences
» journalières.

» La bonne ménagère jouira de ces contente-
» mens, moyennant la bénédiction de Dieu, et ce,
» avec peu de fatigue, mais comme par récréation.
» Il ne s'agira déjà plus que d'attention et de
» surveillance. Et comme nous avons donné au
» père de famille un bon serviteur pour le secon-
» der, aussi donnerons-nous à la mère de famille

une

» une bonne servante, intelligente et fidèle, qui
» lui épargnera beaucoup de peine ; qu'elle ne
» chargera cependant que de ce qu'elle ne pour-
» rait faire elle-même sans trop de travail, en
» lui faisant souvent rendre compte. Cela ne dis-
» pensera pas la mère de famille de se lever ordi-
» nairement de bonne heure, pour les raisons
» exposées plus haut, et de peur d'éprouver ce
» mal, que

> Trop reposer et trop dormir,
> Font le riche pauvre devenir.

» Il ne serait pas raisonnable de l'assujettir,
» comme quelques-uns le voudraient, à la loi
» sévère d'être la dernière couchée et la pre-
» mière levée de la maison ; ce serait lui
» imposer une tâche trop pénible, et la priver
» volontairement de la jouissance des biens que
» Dieu lui accorde. Pour que tout soit dans
» l'ordre, il faut une différence entre la maîtresse
» et la servante. Elle en fera ce que sa santé lui
» permettra ; mais elle doit s'astreindre scrupu-
» leusement à tout voir, à tenir tout sous la clef,
» ayant pour maxime certaine que ce que la

» ménagère lâche du regard et de la main,
» est mal assuré ; *moralement s'entend, et sans*
» *parler de ce qui est trop difficile.*

   » *Moyennant une telle conduite, la mère de*
» *famille, avec l'aide du ciel, verra sa maison*
» *s'accroître d'année à autre ; ses voisins la loue-*
» *ront et desireront sa société et son alliance.* »

———

Je viens d'avoir le malheur de perdre une de ces bien-aimées d'*Olivier Serres*, sous la protection desquelles je mets cet écrit : elle était ma sœur ; et cette perte laisse dans mon cœur un vide que rien ne pourra jamais remplacer. Un de mes amis, qui a su l'apprécier, a placé sous son buste les vers suivans qui la peignent avec vérité :

> Elle eut de sa sensible mère,
> Les vertus, l'heureux caractère,
> Et l'aimable gaîté, compagne d'un bon cœur :
> La souffrance jamais n'ébranla son courage :
> Elle économisait pour donner davantage.
> Prévenir l'infortune et calmer la douleur,
> Fut le premier besoin de son ame attendrie :
>   Les malheureux ont perdu leur amie ;
> Son frère a tout perdu, la paix et le bonheur.

Je prie qu'on me pardonne ce court éloge de ma sœur : il soulage mon ame encore navrée. Heureux les parens qui sont assurés, pendant qu'ils vivent, que leur mort fera répandre des larmes aussi sincères à ceux qui ont été l'objet de leur plus tendre amitié !

TRAITÉ

SUR

L'ART DE FABRIQUER

LES SIROPS ET LES CONSERVES

DE RAISINS.

Lorsque toute l'attention publique se porte vers les moyens de diminuer la consommation des denrées coloniales, devenues pour nous de première nécessité, et maintenant entre les mains de nos éternels ennemis, j'ai pensé que l'intérêt de la patrie et celui de l'humanité me faisaient un devoir de communiquer sommairement les expériences et les observations que j'ai faites pour atteindre ce but d'utilité nationale.

On savait depuis long-temps que le raisin contenait une matière sucrée et un acide : l'organe du goût le moins exercé en avait suffisamment démontré la présence, sans qu'il fût nécessaire que la science vînt au secours de la dégustation; mais cette connaissance était à-peu-près nulle pour les besoins de l'économie domestique; il fallait, pour la rendre généralement utile, amener le moût à l'état de sirop, et mettre la classe la moins intelligente à portée de l'extraire, sans embarras comme sans frais, du fruit qui en est le plus abondamment pourvu. Les procédés que je vais décrire dans cette vue, sont faciles à mettre en pratique.

J'en préviens d'avance, ce n'est pas du sucre sec, blanc et cristallisable, analogue à celui de la canne, que je leur propose; quels que soient sa rareté et son prix, il y en aura toujours suffisamment pour contenter les besoins du riche : je me borne, dans la circonstance où il est difficile au pauvre de s'en passer, de signaler le raisin comme propre à en diminuer la consommation, et même à le suppléer dans l'universalité de ses usages.

Malgré cet avantage, mon dessein n'a jamais été de mettre en parallèle le sirop le plus parfait de ce fruit avec le sucre du commerce, cette belle matière cristalline, sans odeur ni couleur, qui flatte tous les organes, si recherchée par un grand nombre d'animaux, si agréable par sa forme, si facile à transporter et à se garder en bon état pendant un certain temps; mais je pense qu'on peut,

sans trop contrarier les habitudes, adopter les supplémens que je propose, toutes les fois que le sucre
doit être transformé en sirop avant d'entrer dans
les diverses préparations auxquelles il sert de condiment ou d'assaisonnement.

Eh ! n'est-ce pas une véritable conquête pour
un pays que de remplacer une marchandise exo-
tique par une production indigène ? Faudra - t - il
donc toujours mettre à contribution les deux Indes
pour satisfaire nos besoins réels ou factices, et
n'attacher de prix qu'aux objets qu'on nous apporte à grands frais, qui souvent n'ont d'autre
mérite que celui de naître loin de nous et sous un
autre hémisphère ?

Convaincu par l'expérience et par l'observation,
qu'à partir de l'état de sirop jusqu'au raffinage le
plus parfait, le sucre de cannes perd successivement de la propriété qui lui a fait donner son nom,
je ne me suis occupé que de donner la première
forme au moût de raisin, puisque c'est celle qui
coûte le moins, en même temps qu'elle opère le
plus d'effet. Ma proposition diffère donc de celle de
M. *Proust* : j'indique le *sirop de raisin*, et lui la
moscouade. Le premier est au *maximum* de sa faculté
sucrante, et le second au *minimum* : l'un, toujours
liquide, présente aux consommateurs l'idée d'un
fluide agréable dont l'usage en santé et en maladie

trouve des partisans dans les palais comme sous la chaumière ; l'autre, gras, pâteux, à demi solide, est le produit du travail du sucrier ; et son nom de *moscouade*, peu attrayant pour la ménagère, n'aurait jamais donné lieu à l'établissement de fabriques en France, puisqu'il entraîne l'indispensable nécessité d'ateliers, de moulins, de chaudières, et qu'il suppose par conséquent une grande mise de fonds.

Ces considérations ne m'empêchent pas de rendre justice au travail intéressant de M. *Proust* sur le sucre, et d'avouer, comme je l'ai déjà fait dans ma première instruction, qu'il a le premier établi la différence notable qui existe entre le sucre d'Amérique et celui de raisins, et l'analogie de celui-ci avec le sucre contenu dans le miel.

Dans son Système de chimie, *Thomas Thompson* assure bien que ce fut le duc de Bouillon qui retira le premier le sucre du raisin ; mais on ne saurait contester à M. *Proust* tous les droits qu'il a acquis à cette découverte. Ainsi, quoique nous soyons d'avis différens, je me flatte que nous avons une pensée commune ; celle de suppléer le sucre exotique par le sucre indigène, et de prouver que la France peut se suffire à elle-même et trouver sur son sol un superflu que l'habitude a rendu nécessaire.

Jamais il n'y eut un concours de circonstances plus favorable à l'adoption du supplément proposé. La route est déjà tracée par les succès des années précédentes; une foule de propriétaires du midi se disposent à mettre la main à l'œuvre, et ont témoigné leurs regrets de n'avoir pu faire circuler dans le commerce quelques milliers de quintaux de sirop; le sucre se trouve encore à un prix auquel il est difficile pour les classes les moins aisées du peuple d'atteindre ; la presque totalité de ce qui s'en fabrique aux colonies, est dans la possession des Anglais. Nul pays en Europe n'offre une aussi grande quantité de vignobles que la France, ni plus de variétés dans la qualité des vins. Nos caves sont pleines; enfin la récolte prochaine semble promettre autant de richesses que les précédentes. Ce ne sera donc nullement préjudicier aux intérêts du vigneron que de l'inviter à distraire une chétive portion de sa vendange pour la faire servir de supplément au sucre ordinaire.

Le titre que porte aujourd'hui ma première instruction, indique assez quelle est la division des objets que j'y traite. Dans la première partie, je développe les procédés relatifs à la préparation des sirops et conserves de raisins; il est question, dans la seconde, des applications qu'il est possible d'en faire aux principaux usages de la vie. Je termine par la récapitulation des vérités fondamentales que mon ouvrage renferme. Mais, avant d'entrer en matière, je crois devoir m'arrêter un moment sur quelques considérations générales.

PREMIÈRE PARTIE.

Considérations générales sur les Végétaux d'où l'on a extrait du Sucre.

Dans le très-grand nombre des produits que l'homme s'est appliqué à retirer des végétaux, le sucre est un de ceux dont l'usage est le plus généralement recherché : il n'y a pas d'animaux pour lesquels il ne soit un attrait. Considéré sous tous les rapports du commerce, il est aussi une de ces denrées qui offrent beaucoup de chances aux spéculateurs, lorsqu'ils sont favorisés par les circonstances.

Mais ce sucre existe plus ou moins abondamment dans les tiges, les fruits et les semences d'une foule de plantes de tous les ordres, de tous les climats, en trop petite quantité, il est vrai, pour fournir à l'exportation ; ces plantes ont été indiquées, il y a trente ans, dans mes Recherches sur les végétaux nourrissans, de même aussi que celles dont on peut extraire de l'amidon. Leurs listes figurent aujourd'hui dans le Système de chimie de *Thomas Thompson.* Je me dispenserai d'en rappeler ici les noms, afin de ne pas grossir inutilement ce Traité.

Le sucre et l'amidon n'appartiennent donc pas exclusivement à la canne d'Amérique et au froment. La culture, dont le pouvoir est d'adoucir les fruits les plus âpres et d'affiner les racines les plus grossières, a également démontré qu'elle était en état de fabriquer le sucre, ou du moins une matière analogue, d'en varier à son gré les proportions, là où il n'y avait précisément que les matériaux.

Une autre vérité non moins intéressante, c'est que la saveur sucrée d'un corps n'est pas toujours en raison de la quantité de sucre cristallisable qu'il contient, puisqu'en effet la tige du maïs, qui, dans le premier début de sa végétation, est aussi sucré que la réglisse verte, en fournit à peine deux gros par quintal : encore faut-il, pour l'obtenir à part, que les molécules saccarines éparses puissent se réunir et se présenter sous la forme de cristaux réguliers ; que le fluide muqueux qui les contient séjourne dans un lieu sec et chaud, et qu'il subisse une évaporation insensible. Or, quand bien même le sucre s'y trouverait en plus grande abondance, on conçoit qu'il n'est guère possible de recourir, pour son extraction, à des procédés chimiques aussi longs et aussi coûteux.

Ils ont d'abord cherché à établir que, quel que soit le végétal dont on avait extrait la matière sucrée, elle était identique, et qu'on pouvait facilement l'amener au même degré de pureté par les procédés connus, de manière à ne pouvoir distinguer la source d'où elle provenait : mais c'est le contraire qu'il faut établir. La même erreur a subsisté long-temps par rapport aux fécules dont j'ai démontré l'existence dans une foule de plantes où elle n'était pas soupçonnée, et l'identité des produits qu'on en retire par l'analyse, avec ceux du sucre de cannes, du miel, de la manne et du sucre de lait; on les a considérées, lorsqu'elles étaient bien lavées et pures, comme un seul et même corps dans lequel il était impossible de distinguer le végétal qui leur a servi d'enveloppe et de berceau. Toutes peuvent bien servir à faire de la bouillie, de la colle et de l'empois ; mais aucune ne saurait remplir les fonctions de l'amidon du froment et de l'orge, pour l'usage de la poudre à poudrer.

Le sucre et l'amidon ont donc aussi leurs espèces et plus de rapports entre eux qu'on ne pense ; ils reçoivent des modifications des autres principes qui sont le produit de la végétation ; et les plantes en fournissent d'autant plus, qu'elles sont à une bonne exposition, placées sur un sol gras et sablonneux, le plus propre à la génération de ces deux corps muqueux par excellence, les plus importans du règne végétal, puisqu'ils fournissent à l'homme de quoi satisfaire la faim et la soif.

La fécule, je le répète, ne fait pas partie de l'organisation végétale ; elle s'y trouve seulement interposée, et on peut l'obtenir à part des racines au moyen d'une opération mécanique, la râpe et les lavages, ou bien par le concours de la fermentation, lorsqu'elle réside dans les semences farineuses : mais, encore une fois, cette fécule n'a nullement le caractère de la farine ; elle en est seulement un principe essentiel, et elle renferme la quantité éminemment nutritive. Qu'a-t-on dit depuis sur cette matière que je n'aie publié il y a quarante ans !

C'est particulièrement dans mon Mémoire sur le *maïs*, couronné par l'académie des sciences de Bordeaux, que cette question a été traitée et développée autant que le sujet le comportait ; cependant, malgré les tentatives variées et multipliées à dessein d'en étendre l'utilité, il m'a fallu renoncer à l'espérance d'en retirer assez de sucre pour ajouter cette ressource à la liste de celles que le grain peut offrir au midi et à l'ouest de la France, où il s'est parfaitement naturalisé. On vient cependant de le présenter encore tout récemment comme pouvant servir de supplément à la canne d'Amérique. Sans doute, il serait à souhaiter que les auteurs qui se chargent de publier périodiquement des collections relatives aux arts économiques, connussent les travaux d'une date un peu ancienne, afin d'arrêter les prétentions des modernes qui parcourent la même carrière. M. *Sonnini*, par exemple, qui s'est plu quelquefois à citer mes travaux avec éloge, n'aurait pas dit, en rendant compte de celles de M *Boiveau Laffecteur* : Nous ne croyons pas inutile d'ajouter qu'un très-habile chimiste, M. *Darcet*, a fait en France des tentatives inutiles pour tirer du sucre du sirop de *maïs*. Personne ne les a plus multipliées que moi.

Pour réduire cette poposition vague et sans preuve à sa juste valeur, je vais rapporter ici en entier un article de mon ouvrage, tel qu'il a été publié en 1784. Je n'y changerai pas un seul mot. Le voici textuellement :

Sucre de maïs. « Nous avons annoncé,
» d'après l'analyse, que le maïs contenait, entre
» autres choses, du sucre ; mais il y en a si peu
» dans le grain, et le procédé pour l'en extraire
» est si dispendieux, qu'il serait ridicule d'indiquer
» ce produit de l'analyse comme pouvant devenir
» une ressource en ce genre, puisqu'alors il faudrait

» renoncer à une autre plus essentielle sans doute,
» celle de nourrir.

» Il n'en est pas ainsi de la tige de maïs, où la
» matière sucrée semble tellement développée,
» qu'on croirait, en la mâchant, avoir dans la
» bouche un morceau de réglisse verte. Aussi
» quelques auteurs n'ont-ils point fait de difficulté
» de la comparer à la canne à sucre [*arundo saccha-*
» *rifera*]. Si on les en croit, il ne s'agit même que
» d'appliquer le travail de la raffinerie pour le faire
» cristalliser ; mais il s'en faut que la comparaison
» puisse se soutenir, comme l'expérience va le dé-
» montrer.

» J'ai pris des tiges de maïs dans tous les âges,
» depuis le moment où elles commencent à ac-
» quérir une sorte de consistance, jusqu'à celui
» où, devenues dures et ligneuses, elles con-
» servent à peine la saveur sucrée, qu'elles pos-
» sèdent si éminemment à l'époque du premier
» développement de la plante.

» Quarante-huit livres de tiges de maïs, cueillies
» au moment où elles sont extrêmement savou-
» reuses, c'est-à-dire, lorsque le panicule est près
» de sortir du fourreau, ont été divisées et pilées
» dans un mortier de marbre, et mises dans un sac
» à la presse. Il en est sorti une liqueur trouble,
» épaisse et verdâtre ; le marc restant ayant été pilé

» de nouveau dans un mortier, avec de l'eau, j'en
» ai extrait, en le soumettant également à la presse,
» tout ce qu'il pouvait contenir de soluble.

» Les deux liqueurs exprimées ayant déposé une
» matière féculente, ont été décantées et versées
» sur un filtre ; la liqueur passée était claire et co-
» lorée comme le suc de bourrache. Nous aurons
» occasion de parler incessamment du sédiment
» resté au fond du vase, et de celui déposé sur le
» filtre. Ne nous occupons dans ce moment que
» de la matière tenue en dissolution dans le liquide
» exprimé.

» J'ai distribué sur plusieurs assiettes le suc ex-
» primé et filtré des tiges de maïs, que j'ai exposé
» à la chaleur du bain-marie jusqu'à consistance de
» sirop. Le premier phénomène que j'aie aperçu
» pendant l'évaporation, c'est que la saveur sucrée
» n'augmentait point à raison du rapprochement
» de la liqueur, et que de vingt livres de suc que
» m'avaient fournies les quarante-huit livres de tiges
» employées à l'expérience, je n'ai obtenu que huit
» onces d'une liqueur sirupeuse, ayant tous les
» caractères d'un miel médicamenteux, c'est-à-dire,
» d'un miel chargé de matières extractives d'une
» ou plusieurs plantes.

» Cette espèce de sirop ayant été mise dans
» une capsule, et portée ensuite à l'étuve, pour

» favoriser, par son évaporation insensible, la cris-
» tallisation, je n'ai pu obtenir qu'une masse noi-
» râtre, extractive, sucrée, poissant les mains et
» attirant l'humidité de l'air.

» Dans la crainte que le sucre contenu dans les
» tiges de maïs ne pût se manifester, à cause de
» l'abondance de matière visqueuse et extractive
» dont il se trouvait enveloppé, j'ai tenté une nou-
» velle expérience.

» J'ai pris douze livres de jeunes tiges de maïs ,
» également dépouillées de leurs feuilles, et cueil-
» lies au même point de maturité que celles em-
» ployées dans l'expérience précédente ; j'ai fait
» sécher ces tiges, et les ai mises, après cela, di-
» gérer dans l'esprit-de-vin ; il s'est bientôt coloré
» en jaune, et a contracté une saveur sucrée. Cet
» esprit-de-vin , soumis à l'évaporation, a donné
» une petite quantité de matière sirupeuse, qui a
» fini par montrer, pendant son séjour à l'étuve ,
» de petits cristaux semblables à ceux du sucre. Il
» s'en trouvait à peine douze grains.

» Peu content de ce produit, à cause des diffi-
» cultés et des dépenses pour l'obtenir, je n'ai point
» voulu abandonner cette suite de recherches, sans
» m'arrêter un moment aux épis de maïs encore
» verts, et qui, dans cet état, me donnaient l'espoir
» que la très-petite portion de sucre obtenue des
» jeunes

» jeunes tiges pouvait avoir augmenté en quantité
» par les progrès de la végétation.

» J'ai pris en conséquence trente livres de ces
» épis, que j'ai pilés dans un mortier, et soumis
» ensuite à la presse. Ils ont fourni dix-huit livres
» d'un suc blanchâtre que j'ai laissé déposer pen-
» dant vingt-quatre heures. Après avoir décanté
» la liqueur, je l'ai évaporée au bain-marie; elle
» m'a donné dix-huit onces d'un sirop épais, qui,
» réduit à la consistance de miel, a présenté une
» substance sucrée, semblable à de la mélasse unie
» à une matière extractive, laquelle a refusé de
» cristalliser.

» L'esprit-de-vin digéré sur l'extrait dont il vient
» d'être question, s'est chargé également d'une
» matière sucrée; mais à peine ai-je pu obtenir,
» par l'évaporation insensible, quelques cristaux
» de sucre. J'ai tourné mes vues vers les autres
» parties constituantes du *maïs*. »

Je me permettrai d'ajouter à ce paragraphe de
mon travail sur le sucre de *maïs*, quelques observations exposées plus loin dans l'ouvrage.

La tige de cette belle plante est, comme celle
des autres graminées, très-sucrée, et il n'est pas
surprenant qu'on puisse, avec le jus exprimé,
obtenir, par la fermentation, des liqueurs vineuses,
et par la concentration au feu un sirop et une espèce

C

de miel; toutes préparations bien connues des Indiens, et dont j'ai suffisamment examiné les différens états, pour assurer aux auteurs qui les ont mises au nombre des produits qu'on retire du maïs, qu'elles ne sont nullement comparables à celles que l'on compose avec le miel le plus commun d'Europe, quand bien même la plante serait infiniment plus sucrée en Amérique que dans nos climats.

J'ajoute qu'à l'époque où mon travail parut (il y a vingt-cinq ans), nos colonies fournissaient à la France du sucre bien au-delà de sa consommation; et loin de décourager l'industrie de nos colons, je crus qu'il était de la politique de les exciter à mieux faire encore. J'ai cru prudent de faire connaître le résultat de mes tentatives infructueuses, avec autant d'empressement qu'on en met ordinairement à publier des succès, dans la crainte que l'esprit de système ne cherchât à former à cet égard quelques spéculations, et pour empêcher ces hommes à projets, qui, la tête échauffée de ce que certains écrivains ont avancé concernant les avantages exagérés du maïs, n'auraient pas manqué d'entraîner tôt ou tard une compagnie dans des entreprises ruineuses, sous le fol espoir de trouver dans un champ limité des bénéfices immenses.

Les mêmes motifs ont déterminé nos recherches pour constater la quantité d'amidon qui pouvait

exister dans les différentes parties de la fructification du *maïs* ; mais il y en a trop peu pour indem-
niser d'un pareil travail, et nous croyons que ceux
qui ont indiqué le grain dont il s'agit pour servir
à cet usage, ne se sont pas assurés si la chose était
réellement possible. Proposer, pour y parvenir, de
réduire ce grain en farine, c'est dire la plus grande
des absurdités.

SUCRE DE BETTERAVE. De quelque manière
que les sociétés se soient formées dans les premières époques, il est plus que vraisemblable que
les hommes ont commencé à se sustenter par les
moyens les plus simples ; or en est-il de plus simple
que celui de cueillir un fruit ou d'arracher une
racine, et de s'en nourrir ! Tous les autres genres
d'alimens ont exigé des soins dont ils étaient incapables alors ; et si par la suite ils se détermi-
nèrent à préférer les semences, ce ne fut qu'après
que l'expérience leur eut appris qu'elles renfer-
maient une plus grande quantité de matière nutritive sous un moindre volume.

Les racines, en effet, moins alimentaires que
les semences, mais plus substantielles que les
fruits, contiennent toutes, dans des proportions
différentes, la plupart des principes qui constituent ceux-ci ; et si elles ont passé, dans l'esprit

de quelques physiologistes, pour fournir la nourriture la plus grossière et la moins atténuée, ce n'est pas qu'elles ne soient pourvues de sucs aussi affinés et aussi élaborés, puisque l'amidon et le sucre, les matières colorantes, odorantes et sapides qu'ils renferment, ont atteint le même degré de perfection que dans les autres parties des végétaux; le parenchyme fibreux s'y trouve seulement en plus grande abondance.

Si les racines potagères incultes ont un goût désagréable, sans cependant occasionner de mauvais effets, c'est qu'elles contiennent les matériaux du sucre, si je puis m'exprimer ainsi, que la culture réunit, et quelquefois aussi la cuisson. Or, la carotte, le panais, le chervi, le céleri, qui tous doivent l'avantage d'être présentés sur nos tables à l'industrie du cultivateur, ne se sont adoucis vraisemblablement qu'aux dépens d'un peu d'amidon ou de muqueux, qui, combiné avec le principe austère, a formé du sucre ou une matière analogue pour la saveur. Alors elles ont été regardées comme étant, après les semences, les plus chargées de nourriture; mais le goût sauvageon de la plupart m'a fait croire pendant long-temps qu'elles n'étaient pas aussi propres que les tiges et les fruits à la *saccarification*.

Enfoncée presque toujours dans la terre, et

destinée à servir la plante dans l'obscurité, la racine ne peut, en effet, recevoir les influences immédiates de la lumière solaire, dont la privation est si souvent préjudiciable à la couleur et à la saveur exquise de nos fruits ; la végétation intérieure paraît plus occupée à créer la substance parenchymateuse, qu'à convertir la matière muqueuse extractive en un véritable sucre cristallisable. D'ailleurs, pour obtenir celui qui s'y trouve, on est obligé de déchirer les réseaux fibreux où il est renfermé, d'employer les expressions, les filtrations, les évaporations, qui ne manquent pas d'en détruire une portion notable, et d'entraîner dans des embarras et des frais qui éloignent souvent des entreprises les plus utiles. Il faut, à la vérité, employer tous ces moyens pour extraire le sucre de la canne ; mais on en obtient une quantité capable de dédommager des soins et des frais.

Cependant nous dirons, malgré ces observations, que les racines ont mérité de fixer les recherches des chimistes, pour connaître leurs ressources en ce genre ; mais, soit la petite quantité de sucre obtenue, soit le moyen mis en usage, le moins praticable et le plus dispendieux de tous pour un travail en grand, *Margraff* se borna à considérer l'extraction du sucre des racines potagères qu'il a examinées, plutôt comme un produit à ajouter au tableau de ceux que fournit l'analyse végétale, que comme une ressource pour nos besoins. Il était bien éloigné alors d'imaginer qu'un de ses compatriotes, parcourant comme lui la carrière des sciences, reproduirait un jour sa découverte, et lui imprimerait un si grand degré d'importance, qu'il offrirait à l'imagination de nos capitalistes la perspective de trouver, dans une de nos racines potagères, de quoi suppléer le sucre de la canne et subvenir aux besoins de sa consommation.

Parmi nos racines charnues, il en existe qui, indépendamment de celles soumises aux essais de *Margraff*, sont très-sucrées : nous citerons la patate douce *[convolvulus batatas]*, l'une des racines les plus exquises que nous connaissions, et que nous avons essayé, il y a vingt ans, de naturaliser dans plusieurs de nos départemens méridionaux ; c'est même à la très-grande quantité de sucre qui s'y trouve qu'elle doit son extrême propension à fermenter, et qui porte les Indiens à la faire entrer dans leurs boissons vineuses, dont ils sont amateurs tellement passionnés, qu'ils en préparent avec tous les grains qu'ils sèment, toutes les racines qu'ils cultivent et tous les fruits qu'ils recueillent. Il n'est pas douteux que la patate, et sur-tout la patate rouge, que M. *Lelieur* est parvenu à faire mûrir en pleine terre dans les environs de **Paris**, avec le volume et la qualité qui la caractérisent dans sa première patrie, n'aurait la préférence sur les autres racines de nos potagers, si elle pouvait supporter les gelées du printemps et de l'automne, et être admise au nombre des végétaux sur lesquels nous pouvons compter. Mais je reviens à la betterave.

On se rappelle que M. *Achard*, chimiste de Berlin, annonça en l'an 8 qu'il était possible d'extraire en grand du sucre sec et cristallisable de la betterave champêtre, et que la classe des sciences physiques et mathématiques de l'institut, pour fixer toutes les incertitudes et déterminer l'opinion, nomma une commission dont j'avais l'honneur d'être membre, pour apprécier à sa juste valeur, par des expériences décisives, cette question. Les détails et les conclusions du rapport sont connus ; c'est M. *Déyeux* qui l'a rédigé : il suffit de nommer ce chimiste pour annoncer qu'il a satisfait au vœu de la classe et répondu à l'attente des savans. Ce rapport a été publié à part des mémoires de l'institut.

Le même travail a été repris en France par M. *Simon Vinneu*, de Coblentz, qui n'a oublié aucun des moyens les plus capables d'apprécier la valeur des produits qu'on pouvait en retirer ; et,

C 4

malgré l'élévation actuelle du prix du sucre exo-tique, il a conclu de ses expériences, qu'il n'y avait aucun avantage à donner à ces racines une pareille destination.

Mais les avantages de la fabrication du sucre de betterave ayant été exposés de nouveau l'année dernière dans le *Moniteur* du 28 octobre 1808, M. *Boudet,* pharmacien en chef du troisième corps de la grande armée, profita de son séjour en Silésie pour examiner, dans le plus grand détail, la fabrique établie depuis trois ans par M. le baron *de Koppi* dans sa terre de Krayn, à quatre lieues environ au-delà de la ville de Strehlen. Il vient de m'adresser un mémoire accompagné de cinq échantillons de diverses sortes de sucre qu'il a recueillis dans cette fabrique, et M. *Boudet* le neveu en a donné un extrait fort intéressant dans le n.° 2, *Bulletin de Pharmacie;* d'où il résulte qu'on y a employé,

La première année, deux mille quintaux de betteraves, dont on a retiré, dit-on, sept mille livres, tant sucre candi que cassonade, six mille livres de mélasse, deux mille cinq cents bouteilles de rhum et deux mille bouteilles de vinaigre.

La deuxième année, sur douze cents quintaux de betteraves, on a obtenu cinq mille livres de sucre, trois mille cinq cents livres de mélasse; plus, du rhum et du vinaigre à proportion.

(41)

Cette année, qui est la troisième, on se dispose à travailler cinq mille quintaux de betteraves.

D'après ce qui précède, il est évident,

1.° Que la betterave contient du sucre ;

2.° Qu'on peut le retirer de cette racine sous la forme de cristaux et à l'état de cassonade ;

3.° Que la quantité que l'on en obtient, et la facilité de son extraction, dépendent des procédés indiqués par M. *Achard*, et exécutés par M. le baron *de Koppi* ; qu'elles dépendent,

1.° Du choix des betteraves ;

2.° De l'emploi des deux premiers sucs exprimés de cette racine ;

3.° De l'altération des parties muqueuses et extractives opérée par l'acide sulfurique, lequel bientôt forme avec la chaux un sel presque insoluble ;

4.° De la décoloration partielle du suc, et de sa clarification par le lait ;

5.° De la précaution de n'exposer ce suc, lors de sa clarification et de son évaporation, qu'à la chaleur d'un bain de vapeurs, et ensuite à celle de l'étuve, pour éviter la caramélisation ou décomposition d'une partie du sucre.

Narrateur aussi fidèle qu'observateur zélé de tout ce qui a rapport aux arts, M. *Boudet* a pris toutes les précautions pour ne pas s'en laisser imposer sur l'existence des produits de cette nouvelle branche d'industrie ; tout ce qu'il a rapporté mérite la confiance la plus entière. Nous pensons, comme lui, que, tant que durera la guerre, l'Allemagne seule recueillera quelques avantages de ce sucre.

Au reste, le sirop qu'on voudrait préparer avec la betterave, est détestable à cause de la matière extractive amère et vireuse qui l'accompagne, et qui donne à l'alcool une saveur d'empyreume herbacée ; il faut donc que le sucre en soit parfaitement dépouillé pour que ces deux produits qu'on en retire soient passables, tandis que la matière extractive est douce et muqueuse dans le raisin, dans la patate, dans la carotte, &c.

Quel que soit un jour le sort du travail commencé par *Margraff* et continué par M. *Achard,* ces savans ont acquis des droits à notre reconnaissance , puisqu'en appelant l'attention des agronomes sur les racines potagères, ils ont concouru à étendre et à perfectionner leur culture ; mais il y a lieu de présumer que jamais elles ne vaudront la peine et les frais d'extraction en grand du sucre, et de la fabrication des eaux-de-vie, dans les contrées où la vigne prospère ; les raisins nous fournissent, sous ces deux rapports, des avantages précieux que ces racines ne sauraient égaler : il faut en tirer parti pour la nourriture de nos bestiaux, ou les faire servir au perfectionnement de nos assolemens, objet pour lequel elles sont très-convenables; la betterave spécialement est reconnue, il y a long-temps, comme une des plus avantageuses sur les jachères, et des plus propres à bien préparer le sol, pour en obtenir ensuite d'autres récoltes principales très-abondantes.

Avant de quitter ce qui concerne la betterave, j'ajouterai encore une observation : j'ai dit précédemment que je croyais le sucre qu'on en extrait, de la même nature que celui qui provient de la canne d'Amérique; mais, en y réfléchissant, je n'en suis pas encore certain, sur-tout depuis que j'ai goûté celui qui m'est venu d'Allemagne par la voie de M. *Boudet;* il m'a paru que, quoique purifié, il n'était pas aussi sucrant, et qu'il tenait un peu de la saveur du sucre de lait.

Quoi qu'il en soit, contentons-nous de savoir que ce sucre est fort analogue à celui de cannes, par sa faculté de cristalliser ; et pour prononcer sur son identité, attendons que nous ayons constaté, par des expériences et l'usage, que sa manière de cristalliser et ses autres propriétés sont absolument les mêmes; et tant que durera la guerre avec l'Angleterre, tirons de l'Allemagne la quantité de sucre de betterave , pour les cas où celui de raisin ne peut le remplacer.

SUCRE DE CANNE. Il paraît avoir été connu des anciens à une époque très-reculée : mais ils en possédaient peu; l'emploi en était réservé à la médecine; et ce ne fut qu'après la découverte de l'Amérique, et la grande extension qu'on donna à la culture de cette plante, que son usage se répandit en Europe, au point qu'on ne peut plus s'en passer, soit en santé, soit en maladie.

L'histoire naturelle de la canne d'où l'on extrait le sucre avec le plus d'avantage a été développée séparément dans plusieurs traités, de manière à ne plus laisser rien à desirer ; mais, il faut en convenir, leurs estimables auteurs ont beaucoup trop exagéré les propriétés médicinales et nutritives : il jouit même d'autant moins de l'effet alimentaire, qu'il est plus pur, c'est-à-dire, plus raffiné. Or si, comme l'assurent les voyageurs, on mange à la Cochinchine du sucre au lieu de pain; si les Nègres marrons s'en nourrissent également, c'est qu'au sortir de l'intérieur des cannes , sous une forme mielleuse, il est un corps composé, que les opérations employées à sa purification détruisent pour le ramener à l'état salin. C'est plutôt comme moyen de conservation que le sucre joue le plus grand rôle. *Becher* voulait qu'il fût employé à la place du sel, pour préserver les viandes de la corruption, parce que la chair salée dont se nourrissent les matelots, est, en grande partie, la cause du scorbut; mais il faudrait, pour cela , que le sucre fût aussi commun en Europe que dans l'Inde, et qu'on fût dans l'usage de manger la viande sucrée comme la viande salée : or il semble que le premier de ces assaisonnemens est destiné, par la nature , à conserver les matières végétales, particulièrement celles qui ont un arome; tandis que le second est réservé pour les substances animales. Sans cette propriété éminemment conservatrice du sel marin et du sucre, nous manquerions des préparations les plus essentielles et les plus agréables de la pharmacie, de l'office et de la cuisine.

Je reviens aux prétentions des spéculateurs auxquels il ne restait plus qu'une chance à courir.

Convaincus que la canne était le premier réservoir du sucre, et que la nature avait destiné cette plante à le fabriquer exclusivement, ils crurent devoir tenter sa naturalisation ; mais les expériences de culture entreprises au midi de la France n'ont été couronnées d'aucun succès. La canne a bien acquis une hauteur et une grosseur analogues à celles qu'a la même plante en Amérique; mais, lorsqu'il a été question d'en retirer du sucre, on n'a pu obtenir que du mucoso-sucré, c'est-à-dire, un sirop non cristallisable. Ce n'est, comme l'a dit *Cels* dans un mémoire présenté à l'institut, que lorsque la canne est complétement mûre qu'on peut être assuré qu'elle fournira de bon sucre; mais, pour que sa maturité ait lieu, il ne suffit pas que le terrain soit bon, il faut encore le concours d'une chaleur long-temps continuée et de beaucoup d'humidité; or, sur le sol le plus favorable de la France, on ne peut pas se flatter de réunir ces deux avantages ; l'hiver, plus ou moins prolongé, suspend pour un temps la végétation; et s'il est certain que, dans nos climats les plus chauds, les cannes ne peuvent mûrir au plutôt avant un an, on ne doit pas songer à cultiver la canne à sucre en France, pas plus que l'érable à sucre, *acer saccharinum* de Linnæus, d'où l'on extrait, dans l'Amérique septentrionale, du sucre qui ne diffère que très-peu de celui de cannes. A la vérité un arbre qui ne parvient à fournir le produit pour lequel on le cultive que dans le cercle de vingt ans, et qui meurt avant le terme par le seul fait de l'extraction, ne peut être comparé aux avantages d'une plante bisannuelle.

Sans parler des espèces ou variétés de cannes susceptibles de donner du sucre plus ou moins abondant et parfait à différentes latitudes, nous ferons observer que la plante, coupée verte, en offre à peine quelques atomes; que les cannes qui croissent d'une manière fougueuse dans les terres neuves de Saint-Domingue, ne produisent que du mucoso-sucré et peu de sucre cristallisable, de même que celles de certains cantons qui n'atteignent pas le *maximum* de leur végétation.

La première patrie de la canne à sucre offre encore un exemple frappant des différences essentielles que présentent les résultats de cette plante cultivée dans toute l'étendue de l'Égypte. Elle donne, selon la remarque de M. *Boudet*, de beau sucre dans le Saïd; elle est déjà beaucoup moins savoureuse au Caire, où, au lieu de l'exprimer, on se contente de la manger; du côté de Rosette, on ne retire souvent que de la mélasse.

Enfin, parmi les cassonades des différentes contrées, que le commerce nous apporte, il en est, comme celles de nos colonies, dont le grain est gros, bien cristallisé et très-sec; d'autres, comme celles du Brésil, qui paraissent légèrement pâteuses et grasses. La première est plus estimée pour faire du sucre candi et en pain; l'autre convient davantage pour les sirops. Si toutes ces différences dans la qualité et l'abondance des produits, qui sont d'autant plus parfaits que la température est plus haute, dépendaient seulement de cette influence, comment expliquerait-on la présence d'un sucre sec et cristallisable dans une racine qui a végété au nord de l'Europe, et bien éloignée par conséquent d'avoir reçu le degré de chaleur qui convient à la canne ; à moins qu'on ne dise que, quel que soit le pays où croît une plante, pourvu qu'elle s'y plaise et qu'elle puisse y acquérir toute la maturité dont elle est susceptible, elle présentera constamment dans toute sa perfection les principes qui doivent la caractériser !

Dans l'intention de connaître l'influence du sol sur les plantes qui contiennent du sucre, et s'il ne serait pas possible d'augmenter par la culture la quantité de ce qu'elles en fournissent naturellement, mon collègue *Déyeux*, qui a été chargé, par la classe des sciences physiques et mathématiques de l'institut, de rédiger le rapport sur la proposition de faire en grand le sucre de betteraves, a semé de la graine de betterave champêtre dans une portion de terre neuve de son jardin : il en a formé deux carrés ; l'un a été parfaitement fumé et arrosé ; l'autre, au contraire, n'a reçu que les façons ordinaires. Les plantes venues dans le premier carré étoient extrêmement vigoureuses ; mais, lorsqu'il fut question d'en examiner les racines, il observa qu'elles avaient une saveur amère, que

leur

leur chair était humide et visqueuse, et qu'elles ne produisaient que très-peu de mucoso-sucré; tandis que celles du second carré, sans avoir été fumées ni arrosées, se sont trouvées être plus compactes, et réunir, quoique moins grosses, toutes les conditions qui leur appartiennent essentiellement; ce qui s'accorde assez bien avec l'attention qu'a le baron *de Koppi* de ne cultiver les betteraves que dans les terrains en jachères, et notre opinion que, dans l'exploitation d'une ferme, c'est toujours le terrain le moins fort et le plus meuble qu'il faut réserver pour la culture des plantes dont les racines contiennent du sucre; car il est démontré qu'elles en fournissent d'autant plus qu'elles sont placées à un aspect favorable, dans un sol gras et sablonneux, le plus propre à la génération de cette matière.

Dès qu'une denrée de première nécessité manque par une cause quelconque, toutes les idées, toutes les vues, tous les efforts de l'industrie doivent tendre à chercher et à indiquer des supplémens par-tout où la nature les offre. C'est ce qui reste à faire relativement au sucre, en ce moment où nous devons nous considérer comme dans un temps de disette de cet article. Nous pensons que les habitans des cantons qui ne sont pas favorisés par la vigne, devraient reprendre en sous-œuvre les racines dans lesquelles on a découvert du sucre, et les diriger vers le but des sirops ; toutefois cependant en préférant la betterave jaune de Castelnaudary, qui, à plus juste titre que la betterave champêtre, mérite le nom de *betterave à sucre*. C'est aussi celle-là que nous recommandons, M. *Déyeux* et moi, pour cet emploi, tout en convenant qu'elle a le défaut inhérent aux autres racines, qui ne peuvent, à cause de leur contexture parenchymateuse, subir aussi facilement la préparation des sirops. Mais avant d'entreprendre un travail de cette importance, il faudrait s'assurer, par des essais préliminaires, du résultat effectif qu'on obtiendrait ; car on sait que le sucre existe par-tout où la saveur qu'on lui connaît se manifeste, et que, pour constater sa présence, il est nécessaire de l'en retirer sous forme sèche et cristallisable : cet état n'est le caractère distinctif que de celui de la canne cultivée avec toute l'attention que mérite la branche de commerce dont elle est la source.

Tout ce que nous avons avancé jusqu'à présent, suffit pour prouver que le sucre n'appartient pas exclusivement à la canne, mais que celui qu'on retire de cette plante est le plus parfait de tous. Il est, comme l'a judicieusement remarqué M. *Proust*, le genre, et les autres sont les espèces. Mais , comme la canne des Antilles ne parvient à une maturité complète que dans le cercle d'une année au moins, et que nous n'avons à lui donner, sur le point le plus méridional de la France, que neuf mois au plus d'une végétation soutenue, il était tout naturel de conclure qu'il ne fallait pas se flatter de naturaliser la canne parmi nous, à moins cependant que l'on ne veuille se contenter du mucoso-sucré.

Néanmoins M. *Cossigny*, cherchant à étendre les connaissances qu'il a acquises dans les colonies, assure positivement avoir obtenu du sucre cristallisé de cannes élevées au Muséum d'histoire naturelle. Peut-être, dans le nombre de leurs variétés, il en existe d'assez hâtives, d'une constitution assez vigoureuse, pour parcourir en moins de neuf mois le cercle de leur végétation, et donner autant de produit. Si cela était, il serait prudent de ne pas renoncer tout-à-fait à l'espoir d'établir en France une culture de cannes à sucre : quand bien même on n'en retirerait que du sirop, il y aurait toujours de l'avantage à ne pas dédaigner cette ressource ; nous devons même former des vœux pour que les essais commencés soient repris et suivis par un plus grand nombre de cultivateurs : ce serait un crime que de détourner les esprits bien intentionnés d'en tenter qui auraient uniquement cet objet en vue. D'ailleurs *Olivier de Serres*, dans son immortel ouvrage, conseille la culture des cannes en France, et c'est une autorité imposante pour nous. Enfin, si l'on en croit quelques voyageurs dignes de foi, il y en a déjà des plantations qui prospèrent en Espagne et en Sicile.

Mais, il faut le répéter souvent, la vigne, que je propose comme supplément de la canne, ne peut la remplacer dans les circonstances où le sucre cristallisable est indispensable. La forme la plus avantageuse pour l'effet sucrant du raisin, est celle de sirop. On ne doit pas se flatter de conserver ce produit des années, en former des dépôts ni des magasins, pour satisfaire aux besoins imprévus de l'avenir, lorsque la vendange sera mauvaise ou manquera. Il sera toujours nécessaire de recourir à la culture de la canne, sans cependant lui consacrer une aussi grande étendue de terrain : c'est une ressource à laquelle il serait ridicule de renoncer. L'habitant de nos colonies et le vigneron ne doivent donc pas prendre d'effroi ni se roidir contre notre proposition. Toutes les considérations politiques et commerciales ont été pesées avant de la leur soumettre. Mais j'abrége cette digression, pour m'occuper exclusivement de la préparation des sirops et conserves de raisins, comme aussi de leurs utiles applications.

DE LA VIGNE.

C'est une des plus riches et des plus utiles productions du règne végétal : objet de culte pour tous les peuples qui la possèdent, et de regrets pour ceux qui ne peuvent en jouir, la vigne est encore le supplément naturel de la canne, avec d'autant plus de raison, qu'elle est indigène en France, et qu'une nation n'est riche et véritablement indépendante, qu'autant qu'elle trouve dans les productions de son sol et de son industrie de quoi satisfaire ses principaux besoins.

Cependant cet arbrisseau sarmenteux, dont le revenu pour notre commerce est immense, qui occupe au-delà de huit cent mille hectares d'un sol qui n'est propre ni à la culture des grains ni à celle des prairies, n'a pu se dérober aux traits de la calomnie; l'esprit d'exagération a osé, je ne dis pas lui comparer, mais lui préférer le pommier, dans un moment précisément où il s'agissait d'ajouter aux ressources incalculables qu'il fournit aux latitudes tempérées, le supplément du sucre des colonies.

L'exacte vérité, c'est qu'aucun fruit ne peut rivaliser avec le raisin pour fournir la matière sucrante; lui seul est en état de suffire aux besoins que nous a créés une longue habitude du sucre, et il y a autant de différence entre la qualité du sirop de raisins et celle du sirop de pommes, qu'il en existe entre un vin supérieur et du mauvais cidre. Mais les expériences les plus authentiques viennent de décider la question, et de confirmer ce que la raison, les organes et l'usage avaient déjà prononcé sans réplique.

Les efforts qu'on a faits pour jeter sur le sirop de raisins toute la défaveur possible, n'ont heureusement rien produit sur l'esprit des vignerons : frappés, au contraire, des avantages de ce nouveau genre de consommation, ils craignent qu'on ne puisse les obtenir qu'aux dépens de la cuve. Mais qu'ils soient rassurés ; cette nouvelle ressource des produits du raisin non fermenté, n'empêchera jamais la France d'approvisionner de vin et d'eau-de-vie les contrées de l'Europe, et aucune nation n'entrera en concurrence avec nous pour ce genre de fabrication. Il faut convenir cependant que plusieurs œnologues instruits et de bonne foi sont revenus de leur erreur. M. *Cadet de Vaux*, par exemple, qui, au moment où j'ai fait paraître la première édition de mon instruction, a le plus cherché à atténuer les avantages reconnus des sirops de raisins, pour établir exclusivement ceux du sirop de pommes (voyez *son Mémoire sur la matière sucrée de la pomme*), quoique celui-ci ne

(55)

contienne pas un atome de matière sucrante analogue à celle de la canne, du raisin et du miel, est
devenu aujourd'hui un de leurs apologistes. La
preuve que je puis en donner, c'est de citer un
paragraphe de son dernier article sur le sirop et
sucre de raisins, inséré dans le Journal d'économie
rurale et domestique (1), que cependant il m'est
impossible d'adopter, tout partisan inébranlable
que je suis du supplément proposé :

« Ainsi donc le petit ménage, de cent livres de
» sucre qu'il consommait par an, dont soixante-
» quinze pour compotes, entremêts, ratafias,
» remplacera ces trois derniers quarts avec le
» sirop de raisins; et dans les grands ménages,
» l'économie sera la même, ce qui rendra aux
» uns et aux autres des jouissances dont la fa-
» mille se trouvait privée en raison de la cherté
» du sucre. »

Nous savons toutes les autres objections qu'on
peut faire contre les innovations même les plus
utiles ; mais peu importe au propriétaire la forme
qu'on donne au produit de sa vendange, pourvu
qu'elle lui offre un débouché plus assuré et un
bénéfice plus considérable. C'est cette forme qu'il
doit préférer.

____

(1) N.º 81, décembre 1809.

D 4

On ne peut d'ailleurs se dispenser de faire remarquer qu'il y a beaucoup trop de vignes en France dans les bonnes années, et que quand les vins communs n'ont pas d'écoulement, ils s'aigrissent dans les tonneaux, deviennent la ruine du vigneron, et à peine retire-t-il, dans nos contrées méridionales, au moment où nous écrivons, le prix du fût qui les contient. Souvent il ne sait que faire de sa récolte et la laisse pourrir sur pied ; il semble même que, moins il y a de consommation de cette boisson, plus la vigne s'obstine à nous donner des raisins ; cette année offre encore la perspective la plus désolante, par l'excessive abondance qu'elle nous annonce.

Loin de nous cependant de lui conseiller d'arracher la vigne que son père a plantée, parce que le produit est insuffisant pour subvenir à ses charges ; nous ne l'engageons pas non plus à donner une plus grande étendue à son exploitation, pour en destiner exclusivement le résultat aux supplémens du sucre ; nous disons seulement à l'habitant des cantons vignobles qui ne produisent communément que des raisins extrêmement sucrés, et dont il ne retire que de gros vins qui poussent à la graisse, et qu'il faut se hâter de consommer sur les lieux ; nous lui disons : Ce sont là les raisins qu'il est de votre intérêt d'employer à faire d'excellens sirops, des conserves, &c., plutôt que des vins médiocres dont vous ne pouvez vous défaire avantageusement.

Nous dirons encore aux propriétaires de vignobles forcés d'arracher la vigne lorsqu'elle périclite de vétusté, qu'ils trouveraient un bien plus grand avantage, si leur terrain a assez de valeur pour rapporter d'autres productions, au lieu de le laisser reposer pendant quelques années avant de l'ensemencer en grains ou de le replanter en vigne, d'en faire des prairies artificielles : leurs fonds, leurs bestiaux seraient améliorés ; d'autant mieux que M. *Lebreton*, qui a comparé le travail de la vigne à celui des sucreries, a calculé qu'il fallait exactement le même nombre de journées d'esclaves que de vignerons dans la même étendue de terrains cultivés en cannes ou en vignes. Qui sait même si quelques-uns, après avoir essayé cette culture, ne seraient pas tentés, vu la qualité inférieure du produit, d'arracher les parties de vignes les plus mal exposées, dans le sol le moins propice à ce genre de plantation ! A quoi servent, par exemple, certains vins qu'il faut consommer d'une vendange à l'autre, qui ne couvrent pas les frais de la récolte, favorisent l'ivrognerie, la fainéantise, occasionnent des rixes, peuplent les prisons et les hôpitaux, &c. ? Ils portent cependant un préjudice notable aux grands vignobles, et souvent le vigneron a son grenier vide lorsque son cellier est plein ; il ne peut même quelquefois se défaire de son vin pour avoir du pain. Ne vaudrait-il donc pas mieux, pour ses propres intérêts et ceux de l'État, qu'il tournât ses vues et ses spéculations vers d'autres objets d'une utilité plus générale ? Que de terres arides, situées dans de bonnes expositions, au sud et au sud-ouest de la France, acquerraient bientôt une riche fécondité, si les propriétaires étaient encouragés à les planter en vignes, et à transformer une partie de leurs raisins en sirops et en eaux-de-vie !

DU RAISIN.

La nature a signalé dans ce fruit deux grandes destinations ; l'une de fournir des sirops et des conserves, l'autre de faire des vins. La première opération est plus facile à mettre en pratique et peu coûteuse ; la seconde, plus importante pour le commerce, demande les lois de la fermentation ; et pour les exécuter, on doit consulter tous les élémens, connaître le point où il faut commencer et celui où il est nécessaire de suspendre ou de s'arrêter tout-à-fait.

Sans doute il en est du vin comme du pain : ces deux produits de l'art ne ressemblent pas souvent à la qualité du raisin et du grain d'où ils résultent. Voilà les motifs pour lesquels je desirais, depuis vingt-cinq ans, une instruction pratique en faveur du vigneron, rédigée sur cette partie, en ajoutant que ce ne serait pas un faible service à rendre aux pays vignobles. M. *Cadet de Vaux* a réalisé mon vœu et rempli cette tâche honorable, en cherchant à propager la doctrine de M. *Chaptal* sur la vinification, sous une forme et dans le langage familier qui les mettent plus à portée du simple vigneron.

CHOIX DES ESPÈCES ET VARIÉTÉS. La nature a tout préparé pour faire du midi de la France la patrie du sirop de raisins : la quantité prodigieuse d'espèces et de variétés de ce fruit qu'on y recueille paraît plus propre à ce genre de préparation qu'à celle du vin ; mais ce sont les raisins blancs qui fournissent le produit le moins extractif, le plus abondant et le plus parfait ; il n'y a absolument que ceux-là qu'il faille désormais destiner à cet objet. La même remarque a eu lieu au nord. M. *Henry*, chef de la pharmacie centrale des hospices civils, a reconnu que le raisin blanc *meslier*, très-commun dans les environs de Paris, est aussi l'espèce qu'il faut préférer, parce qu'elle mûrit plus promptement, plus facilement, et est sensiblement plus sucrée.

Les raisins blancs, en outre, sont susceptibles, plus que les noirs, d'acquérir sur le cep, ou étendus quelque temps sur la paille, cet excès de maturité que l'on appelle dans les départemens de l'ouest, *pourri, sorbé* : il est vrai que, dans cet état, le raisin au nord est réellement gâté ; il répand dans la bouche une saveur acide qui annonce qu'il a fermenté ; mais au midi, les grains, quoique recouverts d'une moisissure blanche, sont au point le plus sucré qu'ils puissent atteindre ; et c'est de ce raisin que l'on retire par expression un moût très-sirupeux, qui, dans le canton de Bergerac, fournit le vin doux si agréable et si recherché en Hollande.

On devrait encore préférer, au nord sur-tout, les espèces hâtives, vu qu'elles auraient le temps d'acquérir plus de maturité. C'est avec les raisins blancs qu'on fait tous les vins du Rhin, qui, dans les bonnes années, et en vieillissant dans le tonneau, prennent de la qualité.

Chaque canton vignoble paraît avoir une nomenclature particulière pour désigner les espèces de raisins qu'il produit, et quelques auteurs les ont déjà rangées, relativement à leur saveur sucrée. Or ce sont les raisins blancs qu'il faut préférer sous ce rapport ; ils sont aussi quelquefois les moins chers ; témoin à Alexandrie, dans le ci-devant Piémont, où l'on prétend que le vin qui en résulte nuit à la majeure partie des habitans qui en font leur boisson journalière. A Turin, le *nebbiolo*, raisin de prédilection pour le vin, n'est pas le plus convenable aux sirops.

D'ailleurs, c'est au temps et à l'expérience qu'il appartient d'établir la préférence qu'on devra accorder à telle ou telle espèce de raisin. On peut, il est vrai, recommander dès-à-présent le grenache blanc, la blanquette, le maturo, la clairette, les unis blancs, le muscat blanc à gros grains ovales, le murillon blanc, le meslier, le gros raisin vulgairement nommé *raisin de Saint-Jacques*, parce qu'il est mûr dans le courant d'août à Perpignan : telles sont les espèces surchargées de matière sucrée, peu abondantes en extractif et fournissant des vins d'une garde difficile; elles ont, en outre, l'avantage d'être très-productives. Les plants en sont vigoureux et réussissent presque par-tout.

Quoiqu'en général les raisins noirs fournissent des sirops plus colorés, et par conséquent plus chargés d'extractif que les raisins blancs, il est possible aussi d'en obtenir des sirops peu foncés, attendu que, pour avoir en Champagne des vins les plus blancs possibles, on choisit de préférence les raisins noirs : il est vrai que pour en extraire le

jus, et l'avoir le plus chargé de matière sucrante
et le moins de matière extractive, on emploie
d'extrêmes précautions; on ne déchire pas le fruit,
on l'exprime avec autant de délicatesse que si,
prenant un grain de raisin entre deux doigts, et
le serrant légèrement, on ne faisait sortir par le
trou de la queue que le fluide qui réside dans les
cellules du fruit, et sans mélange de celui qui,
mucilagineux ou extractif, fait partie constituante
des cellules et de la pellicule du raisin.

Le travail intéressant que mon estimable collègue *Bosc* poursuit, avec autant de zèle que de
connaissances, sur environ deux mille plants de
vigne qui, réunis dans la pépinière du Luxem-
bourg, sous le ministère du sénateur comte *Chaptal*, sont soumis à la même culture, élevés dans le
même sol, exposés au même climat et à la même
température, déterminera sans doute des variétés
de raisins dont l'art de fabriquer les sirops profi-
tera par la suite. Qui sait si beaucoup d'espèces
de vignes, arrachées parce que la matière sucrée
se trouvait en trop grande proportion dans les
raisins et donnait des vins trop doucereux, ne
seront pas replantées et soignées! enfin si, dans
le nombre, la clairette, par exemple, sur laquelle
MM. *Laurens* et *Poutet* ont opéré à Marseille, très-
sucrée par elle-même, n'acquerra pas un jour la

faculté de donner du sucre solide et cristallisable ?
Il est difficile de prévoir les services que cet art
nouveau rendra à la société.

Déjà le raisin appelé, dans le ci-devant Lan-
guedoc, *picardan* ou *cuillade*, semble donner le
plus d'espérance pour produire cet effet. Peut-être
qu'au moyen de la greffe, d'une bonne exposition
et des soins de culture, parviendra-t-on, au midi,
à rapprocher la matière sucrée de ce fruit, de celle
dont la canne est le réservoir; mais ne nous flattons
pas que l'ouest et le nord opèrent jamais une pareille amélioration.

MATURITÉ DES RAISINS. Elle se reconnaît à
la réunion des signes suivans : *queue brune, grappe
pendante, grains ramollis, pellicule amincie, suc doux,
savoureux, visqueux, pepins fermes, non glutineux*. Le
moment de vendanger les raisins destinés à faire
des sirops, est celui où le fruit est tellement riche
en matière sucrée, que légèrement pressé entre
les doigts, il poisse les mains. Chaque grain pourrait être considéré comme un vase rempli de sirop;
le moût qu'il produit en fournit jusqu'à un tiers de
son poids, bien conditionné. On conçoit que de
pareils raisins doivent être employés, dans les climats tempérés, aussitôt qu'ils sont mûrs, tandis
qu'au midi on peut oublier la grappe au cep.

Si les différentes espèces et variétés de raisins ne

sont pas toutes propres à la cuve, il n'y en a pas une dans les grands et petits vignobles, quand l'année est bonne, qui ne puisse être destinée à faire des sirops et des conserves ; mais c'est la maturité qui doit régler tout le travail, parce que c'est à cette époque que le raisin contient le plus de matière sucrée et le moins d'acide. On a remarqué que de deux parties vendangées dans la même vigne, et à trois jours d'intervalle, par un beau temps, l'une a donné jusqu'à cinq pour cent de plus de sirop concentré au même degré que la première. Cette seule observation doit servir à prouver combien il y a à gagner d'alcool et de sirop quand les circonstances déterminent les vendanges hâtives ou tardives.

Il est important de ne cueillir le raisin que par un temps sec, après que le soleil a enlevé la rosée du matin, de préférer les grappes qui ont mûri à la base des sarmens, et de choisir celles dont les grains ne sont pas trop pressés les uns contre les autres. M. *Leschevin*, qui consacre ses délassemens à l'étude des sciences, a constamment remarqué que ce fruit vendangé par un temps sec, et étendu sur des claies, donnait un moût plus riche en matière sucrante, au bout de deux jours, que s'il eût été exprimé à l'instant de la cueillette : celui des environs de Dijon marquait, l'année 1807,

(65)

de 9 à 11 degrés à l'aréomètre; mais, gardé vingt-quatre heures, le raisin donnait un moût d'un degré à un degré et demi.

Il est donc avantageux, quand, après la vendange, on jouit encore de quelques rayons de soleil, et qu'il n'y a rien à redouter de la part des oiseaux et des insectes, d'en profiter pour laisser sur pied le raisin destiné à la fabrication du sirop; il y perd son eau surabondante de végétation, augmente son état sucré, et diminue les frais d'évaporation. Dans le cas contraire, il faut se hâter de le rentrer à la maison, de l'exposer sur des claies ou de la paille, comme pour en faire le vin de liqueur de ce nom, attendre qu'il soit un peu fané pour le porter au pressoir.

Cependant, il convient de prendre garde que cette concentration du moût dans le raisin même pour augmenter la proportion du principe sucré et soustraire l'humidité superflue, cette évaporation si nécessaire au nord, ne soit portée trop loin au midi, où l'évaporation se fait beaucoup plus rapidement, attendu qu'on serait forcé, comme à Ténédos dans l'Archipel, d'y ajouter de l'eau, pour donner au moût la fluidité nécessaire; autrement il en resterait beaucoup dans le marc, qui serait autant de perdu pour la confection des sirops.

E

Avant de parler du jus de raisin, plus connu sous le nom de *moût*, nous ferons observer qu'indépendamment des usages auxquels le marc qui reste au pressoir est employé par le brûleur d'eau-de-vie, par le vinaigrier et par le fabricant de vert-de-gris, il réunit encore d'autres propriétés qui le font recommander au moment de la vendange, soit comme nourriture des bestiaux, soit comme amendement des terres, soit enfin comme combustible propre à fournir des cendres très-riches en salin. Dans ce marc sont encore contenus des pepins dont on exprime, dans quelques contrées d'Italie, une huile fort douce, ou qui servent à engraisser les oiseaux de basse-cour.

Les chimistes se sont empressés de faire connaître, par la voie de l'enseignement et dans leurs ouvrages particuliers, les différens emplois du raisin non fermenté ; mais ce qui ne paraît pas avoir été traité avec le même intérêt et autant de développement, c'est le suc de ce fruit, rapproché par la chaleur à différens degrés de consistance, dans la vue de fournir ces préparations si généralement utiles dans les classes les plus nombreuses de la société, c'est-à-dire, les sirops, la conserve, le raisiné et les vins cuits, que nous allons successivement décrire.

DU MOÛT.

C'est le suc exprimé du raisin ; il porte encore, en langue vulgaire, le nom de *vin doux*, et est à ce fruit ce que le *vezou* est à la canne.

Ces deux fluides, au sortir du pressoir, sont troubles, plus ou moins épais, muqueux et sucrés, suivant le climat, la saison, la nature du sol, susceptibles de fermenter et de se transformer, sans le concours d'aucun levain étranger, en vin et en vinaigre.

Pour que la fermentation s'y établisse efficacement, et donne constamment un vin de bonne qualité, il faut que la vendange soit faite à deux et trois reprises, c'est-à-dire, que le raisin soit cueilli à deux et trois états ; mais pour la préparation des sirops, c'est à la parfaite maturité qu'il faut s'arrêter.

De tous nos œnologues modernes, M. *Mourgue* est celui qui a mis cette vérité dans le plus grand jour. Il a démontré, d'une manière positive et d'après l'expérience, le parti que le cultivateur peut tirer de la méthode de vendanger, à plusieurs reprises successives, une même vigne sur laquelle des temps défavorables auraient pu détruire ou retarder les premiers bourgeons.

Il indique les phénomènes météorologiques qui,

en 1773, firent d'abord *couler* la vigne, les temps favorables qui leur succédèrent ; il décrit les diverses pousses successives qui présentèrent de nouvelles grappes, rend compte de la qualité des vins produits par la fermentation de ces raisins tardifs : d'où il conclut que si cette maturité tardive ne donne pas des vins d'aussi bonne qualité que ceux qui sont produits par les raisins premiers venus qui n'ont pas souffert, elle donne au moins des vins de seconde et troisième qualités, qui sont encore d'un bon usage, et qu'on a la ressource, dans les contrées méridionales, de convertir en eau-de-vie.

C'est un écrit qu'on ne saurait trop recommander à l'attention de ceux qui sont jaloux de soigner la qualité de leurs vins, de travailler avec méthode, et de tirer le meilleur parti de leurs récoltes.

Quand on est forcé de faire la vendange en temps de pluie, le moût trop aqueux éprouve de la difficulté à fermenter, comme celui qui est trop épais. Dès que le raisin d'où il résulte a éprouvé une dessiccation préliminaire, pour obtenir un vin de bonne qualité, il est nécessaire que les principes soient en harmonie : toutes les fois que la matière sucrée ou le tartre y domine, il faut s'écarter des lois ordinaires de la fermentation ; ils sont l'un et l'autre plus propres à servir respectivement sous forme de sirop ou de conserve, comme auxiliaires dans les circonstances opposées.

COMPOSITION DU MOÛT. Elle nous est maintenant connue, grâces au travail de *Bullion* et de M. *Charpentier;* mais cette connaissance, qui peut guider dans la recherche des moyens de bonifier les vins lorsque la saison n'est pas défavorable à la vigne, n'a pas autant d'importance pour l'usage auquel nous destinons particulièrement ce fluide, pourvu qu'il soit exempt de mauvais goût, trouble, et répande dans la bouche une saveur douceâtre; voilà ses principaux caractères. Mais le moût et le vezou, quoiqu'avec toutes les apparences d'une identité parfaite, diffèrent néanmoins par les élémens dont ils sont composés : le premier contient toujours du tartre qu'on n'a pu jusqu'à présent découvrir dans la canne, et du sucre qui n'est ni sec ni cristallisable.

S'il n'y avait dans le moût que deux principes, la matière sucrée et l'eau de végétation, un pèse-liqueur pourrait en déterminer les proportions ; mais ce fluide renferme encore des substances extractives et salines qui doivent faire varier considérablement la marche de cet instrument. Or, comme c'est au sucre très-abondant dans le moût du midi qu'il doit sa pesanteur spécifique, et au tartre celle qu'il a dans le nord, on doit exiger que le gleucomètre proposé soit gradué pour chaque atelier, et en inférer que le même ne peut être applicable à tous les climats.

L'objet principal de celui qui a intention de préparer des sirops et conserves de raisins, c'est de choisir le moût le plus riche en matière sucrée, et de s'assurer de ce qu'il en contient, par l'aréomètre, quoique cet instrument ne puisse être un juge bien fidèle dans cette circonstance. Mais ne nous occupons que des conditions les plus essentielles à remplir pour avoir un moût bien conditionné et propre à atteindre le but qu'on se propose.

Préparation du moût. Il convient que la ménagère s'en charge elle-même, non-seulement pour sa provision de sirop, mais encore pour celle de raisiné et de vin cuit; elle sera plus sûre de l'espèce de raisin employée, des soins que l'on aura pris pour le cueillir, le transporter, le monder et le presser. Cette première opération bien exécutée influe sur la quantité et la qualité du produit.

On cueille les raisins, comme il a été dit, après le lever du soleil, et dans la proportion du moût qu'on veut préparer, avec l'attention de les mettre dans le panier et de ne pas trop les tasser, de crainte qu'ils ne perdent, dans le transport, *la mère goutte* : on en sépare exactement les grains verts et gâtés, qui ne manqueraient pas de communiquer au moût de l'âpreté; on les soumet à la presse légèrement, de manière à éviter que le liquide ne soit surchargé d'extractif, qui rendrait difficile la clarification du sirop, masquerait sa saveur sucrée, lui donnerait un défaut qu'aucun moyen employé ensuite ne pourrait corriger.

L'égrappage et le foulage, confiés dans la vinification à des instrumens plus ou moins parfaits, ne peuvent s'effectuer sans déchirer plus ou moins le fruit, sans occasionner le mélange de la matière sucrée, qui, suivant l'observation de *Fabroni*, réside exclusivement dans les cellules placées entre le centre et l'écorce des grains de raisins, avec le jus des cellules elles-mêmes, avec le principe extractif et la partie colorante de la pellicule. On doit éviter de s'en servir.

J'engage en conséquence ceux qui voudront préparer le moût eux-mêmes et en grand, à employer la méthode qu'on suit en Champagne pour la préparation du moût destiné au vin mousseux, ou au moins à l'adopter quant à la suppression du foulage et de l'égrappage, et quant à l'emploi exclusif des premiers sucs.

Le moût qui a cette destination, se fait avec du raisin noir; on le vendange avant le lever du soleil et jusqu'à ce qu'il ait dissipé la rosée et le brouillard. On choisit avec la plus scrupuleuse attention les grappes dont les grains, parvenus au juste point de maturité, sont encore fermes, ne sont ni verts ni ridés ; on les porte, sans les froisser, sous le pressoir, on abaisse l'arbre ou le mouton pour les exprimer légèrement.

La première liqueur qui sort est absolument sans couleur.

La deuxième, retirée par un autre tour de vis, entraîne quelques atomes colorans.

La troisième en est un peu plus chargée.

Ce qu'on exprime ensuite en tourmentant le marc, est mis à part pour en fabriquer des vins communs.

Il est certain que, par cette manœuvre extrêmement ingénieuse, on obtient la partie la plus fluide, la plus sucrée, la plus pure d'un raisin très-choisi et très - exquis ; et il est très - vraisemblable que ce moût ne colorerait ni par l'action des acides concentrés, ni par une longue exposition à l'air, inconvénient que M. *Serullas*, pharmacien-major de l'hôpital militaire de Moncallier, a remarqué à un moût de raisins noirs qu'il avait rendu parfaitement transparent et incolore par l'effet des vapeurs sulfureuses.

Le moût destiné à faire du vin de paille, peut être

aussi très-avantageusement employé pour le sirop. Voici la manière de le préparer :

On choisit, dans une excellente vigne et par un beau temps, les raisins auxquels on reconnaît les caractères de cette maturité; on les porte à la maison ; on les isole, en les suspendant à des lattes et en les étendant sur des claies dans un endroit échauffé par un poêle pour les mettre à l'abri des gelées, et les réduire par la dessiccation à moitié de leur poids. On les exprime alors pour en obtenir le jus concentré, après toutefois avoir enlevé soigneusement les grains pourris.

PIQUETTE. Le moût qui adhère encore au marc de raisin qu'on n'a que faiblement exprimé, contient amplement de quoi faire des vins communs dont il est aisé de profiter; il s'y trouve en totalité la matière extractive et âpre de l'enveloppe et des pepins : or, si le vigneron peut tirer parti de ce moût secondaire dans la saison où l'on opère, à plus forte raison le fabricant de sirops parviendrat-il à en obtenir des boissons plus fortes et plus abondantes.

Pour cet effet, on achève d'écraser les grains dans un vaisseau quelconque, approprié et proportionné à la quantité qu'on en a; on ajoute quelques seaux d'eau, relativement aussi à la quantité de la masse. Le lendemain et le surlendemain, on ajoute encore de l'eau en proportion, et on laisse s'établir la fermentatation ; dès qu'elle a cessé, on décuve, et l'on a une *piquette* que les enfans, sur-tout, trouvent délicieuse et boivent avec sensualité ; ce qui entretient la gaieté dans les veillées de ménages qui sont dans l'usage de griller des châtaignes, pour choquer le verre après le repas du soir. M. *Limouzin*, qui décrit ce procédé, observe que si l'on employait toute l'eau à-la-fois, la fermentation ne s'établirait pas aussi complétement, et qu'elle serait beaucoup trop lente pour fournir un aussi bon résultat.

Dans le cas où l'on ne voudrait pas donner au marc de raisins une pareille destination, il serait possible, au moyen de la distillation et de l'acétification, d'en retirer de l'alcool, appelé *eau-de-vie de marc*, et de très-bon vinaigre : c'est ce que M. *Serullas* vient de faire avec beaucoup de soin.

DU MUTISME.

L'extrême propension du moût à fermenter deviendrait un puissant obstacle au travail en grand des sirops et conserves de raisins, si le mutisme ne le surmontait.

C'est ainsi qu'on nomme le moyen conservatoire du moût : il consiste à l'imprégner de gaz acide sulfureux ou d'autres substances antifermentescibles.

Le gaz acide sulfureux a sur-tout la propriété singulière de le soustraire à la fermentation, d'empêcher que cette fermentation ne détruise la matière sucrée qu'il contient, ne la convertisse d'autant plus efficacement en alcool, que le moût est tiré des raisins du midi, et qu'il a été plus long-temps exposé à la température de ce climat avant de subir les opérations qui doivent lui faire prendre l'état sirupeux.

Ce gaz produit encore un autre avantage, celui de séparer du moût une grande quantité de matières féculentes, extractives et mucilagineuses, qui ont l'inconvénient, non-seulement d'accélérer sa fermentation, mais encore celui de rendre sa saturation et sa clarification difficiles, et de communiquer au sirop une couleur foncée et un mauvais goût.

Cette opération du mutisme, qui peut être considérée comme indispensable lorsqu'il s'agit de la préparation en grand du sirop de raisins, était pratiquée de temps immémorial dans les départemens de l'ouest et du midi, pour faire ce qu'on appelle du vin *muet*, mais qu'il ne faut pas confondre avec le vin *soufré*; ces deux noms ne sont pas synonymes.

Le premier n'est, à proprement parler, que du moût mis à l'abri de la fermentation par la présence de l'acide sulfureux.

Le second est du veritable vin, que le même acide conserve dans son état de perfection, et auquel il donne une faculté dont il était privé; celle de pouvoir être transporté dans les différens climats, et d'éprouver toutes les températures qui y règnent, sans en être altéré.

Le vin *muet*, pour le dire en passant, est employé, dans le midi de la France, et notamment dans les environs de Bergerac, pour corriger l'âpreté de certains vins qui, sans ce mélange, n'auraient aucun prix dans la Hollande, où l'on aime beaucoup les vins blancs sucrés.

Le procédé le plus généralement employé pour *muter* le suc de raisins, est de faire brûler quatre mèches soufrées dans une barrique, d'y introduire du moût jusqu'à moitié, de brasser pendant un quart d'heure, de remplir la barrique d'autre moût, de laisser reposer le tout pendant vingt - quatre heures, de décanter, au bout de ce temps, la liqueur, pour lui faire subir une autre opération semblable à la première; et enfin une troisième, si, après les deux premières, le moût n'est pas aussi parfaitement clair que le vin le plus blanc.

On peut substituer à ce procédé celui qui a

été imaginé par *Rosier* ; il consiste à se procurer un petit fourneau en tôle , haut de trois pouces , large de quatre, ayant une porte à coulisse, étant surmonté d'un cornet qui décrit un peu plus d'un demi-cercle : on adapte l'extrémité recourbée de ce cornet dans le tonneau , on allume la toile soufrée dans le foyer, on ouvre plus ou moins la porte ; la vapeur du soufre va remplir le tonneau.

Enfin, lorsque l'expérience aura confirmé, pour la même opération, la supériorité de la machine proposée par M. *Laroche*, comme pouvant muter dans l'espace d'un jour quarante à cinquante barriques de moût, nous n'aurons vraisemblablement rien à desirer. En attendant, je crois qu'il est utile de prévenir que l'appareil est composé d'une barrique doublée en fer, dans laquelle il fait brûler le soufre, et à laquelle il adapte un soufflet dont le jeu fait sortir le gaz qui s'y est dégagé, et le porte dans un autre tonneau où est la liqueur à *muter.*

Malgré les avantages que présente le procédé du *mutisme* par les mèches soufrées, nous ne croyons pas devoir passer sous silence les reproches qu'on lui fait, et ce qu'on propose pour produire un meilleur effet.

M. *Perpere*, habile pharmacien à Azile, département de l'Aude, qui a déjà rendu dans son canton l'usage du sirop de raisins familier à plus de deux cents familles, a remarqué que l'acide sulfureux fait perdre au moût le goût du fruit, et lui en communique un moins agréable; il voudrait qu'on employât, de préférence, l'acide sulfurique, qui, sans avoir le même inconvénient, possède au même degré la propriété d'arrêter la fermentation du moût.

J'observe que M. le baron *de Koppi* a recours au même acide pour clarifier le jus de betterave, lorsqu'il veut en extraire le sucre, et que, comme M. *Perpere*, il emploie la craie pour reprendre l'acide sulfurique, lorsqu'il a produit l'effet desiré.

Les deux premiers sucres qu'obtient M. le baron *de Koppi*, par l'expression de la râpure des betteraves, sont distribués dans des pots de grès de la contenance de trente livres de liquide; on ajoute dans chacun de ces pots quatre onces d'acide sulfurique, affaibli dans la proportion de deux parties d'acide sur trente parties d'eau, et on laisse ce mélange en repos pendant une nuit.

Le lendemain matin, on verse la liqueur de quarante-huit de ces pots dans la chaudière destinée à la clarification, et dans laquelle on a étendu un mélange d'un kilogramme de carbonate de chaux et de deux kilogrammes de chaux éteinte; on ajoute trente-six pintes de lait écrêmé; on chauffe pendant six heures à une température de

quatre-vingts degrés, en enlevant l'écume à mesure qu'elle se forme à la surface du liquide : on
laisse ensuite précipiter; puis on décante le suc
clarifié, pour le mettre dans une autre chaudière,
où il subit l'évaporation convenable, avec la précaution bien importante de ne point chauffer ces
différentes chaudières à feu nu, mais bien par la
vapeur concentrée de l'eau bouillante.

Voici le procédé de M. *Perpere:*

Sur cinquante kilogrammes de suc de raisins, il
met cinq hectogrammes ou une livre d'acide sulfurique concentré; il laisse ce mélange en repos
pendant tout le temps qu'il veut, sans qu'il éprouve
de fermentation. Il sature avec la craie, en l'employant à la dose de trois décagrammes [une once]
sur cinq hectogrammes [une livre] de moût.

La saturation opérée, il fait prendre à la liqueur
un bouillon qui en détruit la viscosité, et facilite
la précipitation des substances hétérogènes, de telle
manière qu'en laissant en repos le liquide pendant
vingt-quatre heures, on pourrait, à la rigueur, se
dispenser de le clarifier. Il le clarifie cependant à
l'aide de blancs d'œuf, et ensuite il le fait évaporer
à grand feu, mais par portions de douze kilogrammes chacune, dans une bassine très-évasée
et peu profonde.

Le sirop cuit, il le laisse reposer pendant huit

à dix jours, pour donner le temps au sulfate de potasse, à une très-petite quantité de sulfate et de tartrite de chaux, de se précipiter; il le décante et le conserve dans des bouteilles bien propres et exactement bouchées.

Deux des sirops dont M. *Perpere* m'a envoyé des échantillons, ont été faits avec du moût préparé depuis soixante jours avec de l'acide sulfurique.

Il veut garder jusqu'à l'année prochaine du pareil moût, pour voir l'action de l'acide, pendant ce long espace de temps, sur ce fluide, qui, à l'instant où il nous a écrit, n'avait donné aucun dégagement de gaz.

D'autres fabricans de sirop de raisins ont prétendu que l'acide sulfureux augmentait dans ce sirop la quantité des sels terreux; mais M. *Poutet*, l'un des pharmaciens les plus instruits de Marseille, et dont nous aurons occasion de parler par la suite, s'est assuré du contraire par des expériences sans réplique.

Il a délayé du sirop provenant de la fabrique de Bergerac, dans une certaine quantité d'eau distillée; le muriate de *barite*, versé goutte à goutte dans le mélange, n'a démontré l'existence d'aucun sulfate; il n'y a trouvé, comme M. *Destouches*, que du tartrite calcaire.

Il existe d'autres moyens de muter le suc de raisins;

raisins ; mais nous avertissons qu'ils ne peuvent pas être tous employés avec sécurité.

De ce nombre sont ceux qu'a donnés M. *Astier*, en annonçant toutefois, dans une de ses lettres, qu'il ne les a proposés que comme des résultats d'expériences de laboratoire.

Et en effet, comment se déterminerait - on à prendre du sirop dans la préparation duquel on aurait employé l'oxide rouge de mercure ou le sublimé doux, quand même on serait persuadé, d'après le témoignage de M. *Astier*, que ces substances n'y restent point combinées, et que l'usage qu'il a fait de ce sirop ne l'a point incommodé !

Nous rapporterons cependant son procédé, non pour engager à le mettre en pratique, mais pour exciter à en chercher un autre qui serait aussi efficace, sans être suspect.

M. *Astier* a mis, sur trois pintes de suc de raisins, un gramme d'oxide rouge de mercure. Ce suc s'est parfaitement éclairci, sans donner aucun signe de fermentation ; il a laissé au fond de la bouteille qui le contenait, un dépôt très-considérable, de nature muqueuse, sous lequel était l'oxide rouge employé, et qui paraissait n'avoir subi d'autre altération qu'un léger affaiblissement dans sa couleur.

Il a saturé ce suc ainsi muté, avec du marbre en poudre ; il l'a clarifié, en employant une ébullition

F

vive, mais courte, dans une bassine plate : la liqueur , refroidie et reposée jusqu'au lendemain , filtrée , puis évaporée par un feu doux, a donné un sirop à trente degrés, d'une couleur légèrement ambrée et d'une saveur fort agréable.

M. *Laroche* paraissant n'avoir soumis que du suc de raisin blanc à l'action du gaz acide sulfureux , M. *Poutet* a cru devoir l'essayer sur du moût de raisin noir. Il a été parfaitement décoloré ; mais , exposé ensuite à l'action du calorique pour procéder à la saturation, il a repris une teinte rougeâtre ; inconvénient auquel il a paré de la manière suivante :

Il prend du suc de raisin noir muté par la méthode de M. *Laroche;* il le sature à froid , sans attendre la précipitation de la matière féculente , avec du marbre en poudre : la saturation faite, il laisse reposer le moût pendant douze heures ; il décante ce qui est clair, filtre ce qui ne l'est pas , clarifie cinquante livres de ce moût avec un gobelet de sang de bœuf, dans une bassine plate, sur un feu vif qui n'en frappe que le fond ; il cuit en deux heures et obtient un très-beau sirop.

Nous dirons, en passant, que M. *Poutet* préfère le sang de bœuf ou de mouton aux blancs d'œufs , pour la clarification du sirop de raisins ; il va même jusqu'à conclure de ses expériences comparatives , qu'en employant ce clarifiant, on est dispensé de soufrer le moût, et qu'on peut même obtenir d'une seule cuite cent à deux cents livres de sirop, presque aussi beau que celui que M. *Laroche* fait en petit avec du suc de raisins muté.

Nous nous sommes beaucoup étendus sur l'opération du *mutisme*, parce que nous la jugeons singulièrement intéressante, parce qu'elle ne nous paraît pas encore assez perfectionnée, et que nous desirons que les pharmaciens qui cultivent la chimie redoublent d'efforts pour l'améliorer.

ÉVAPORATION DU MOÛT.

Une vérité dont ne saurait trop se pénétrer le particulier qui aurait l'intention d'appliquer quelques fonds à monter une fabrique de sirop et de conserve de raisins, c'est que le plus grand destructeur de la matière sucrée naturellement contenue dans ce fruit, n'est pas l'intensité de la chaleur, mais bien sa durée. Des expériences ont démontré qu'un long séjour avec le calorique lui fait éprouver une espèce de décomposition qui le brunit et lui communique un goût désagréable. Il faut donc prendre garde, dans l'administration du feu, d'enlever au moût son eau surabondante, sans trop altérer les principes qui le constituent.

Ces observations rapides, en quelque sorte

préliminaires, sont en opposition avec l'opinion de ceux qui proposent comme modification utile à la confection des sirops de raisins, d'évaporer le moût au bain-marie. Cette opération, impraticable en grand, ne produirait qu'un résultat mauvais et coûteux. Il faut y renoncer.

Ce serait un service signalé que rendrait à la société la mécanique, si cette partie de la physique dispensait d'avoir recours à un moyen aussi coûteux d'évaporation. Avouons-le, nous n'avons aucun intérêt de déguiser la vérité, les fabriques de ce genre n'auront une prospérité complète, qu'autant que cette évaporation se fera rapidement et à peu de frais. Trois moyens sont proposés pour y parvenir :

Évaporation par l'action de l'air,
Évaporation par la gelée,
Évaporation par le calorique.

ÉVAPORATION PAR LES BÂTIMENS DE GRADUATION. L'état naturellement visqueux du moût, qui ne fait qu'augmenter à mesure qu'il se concentre, son extrême propension à passer à la fermentation vineuse, sont de grands obstacles à vaincre. Mon collègue *Montgolfier*, dont j'ai invoqué sur ce point les lumières, m'a donné pour réponse une note que je transcris ici, telle qu'il me l'a remise :

« Il y a environ douze ans que je fis des expé-
» riences assez en grand sur les fruits rouges in-
» digènes et cueillis dans le midi de la France,
» lesquels me donnèrent tous du vin et du bon ra-
» tafia. Le moyen que j'employai pour épaissir ces
» sucs avec promptitude, est à-peu-près le même
» qu'on emploie dans quelques salines pour faire
» évaporer l'eau des sources salées; moyens con-
» nus sous la dénomination de *bâtimens de gra-*
» *duation ;* avec cette différence que les saliniers ne
» peuvent user de cette ressource que dans les
» momens de vent, tandis que j'ai employé un
» ventilateur très - simple, au moyen duquel je
» faisais passer au travers des fagots de sarment de
» vigne, dans la direction du bas en haut, trente
» pieds cubes d'air par seconde. Chaque pied cube
» de cet air dissolvait dans son passage, d'après
» son état de siccité, depuis un jusqu'à quatre
» grains de l'eau contenue dans le suc qui dé-
» coulait des fagots. Ainsi un homme seul étant
» employé à mouvoir le ventilateur pendant douze
» heures, enlevait pendant ce temps une quan-
» tité moyenne d'eau du poids d'environ trois
» cents livres.

» Mais si l'opération était faite assez en grand
» pour employer quatre bons chevaux à mouvoir
» constamment le ventilateur, on pourrait évaporer,

» par chaque jour de vingt-quatre heures, une
» masse moyenne d'eau du poids de dix mille
» livres ; ce qui produirait, moyennement, environ
» trois milliers pesant d'un rob assez concentré
» pour le préserver de la fermentation spiritueuse.
» L'air perd une partie de sa température pendant
» le temps qu'il emploie à traverser les fagots de
» sarment, et ce en raison de la quantité d'eau
» qu'il dissout. Il me parut que la dissolution de
» chaque grain d'eau par chaque pied cube d'air
» faisait perdre à ce dernier fluide un degré de sa
» précédente température. »

C'est un vaste champ d'utilité ouvert pour celui qui, dans cette carrière, desirerait servir son pays : il est constant que si la chambre de graduation pouvait être un jour appliquée au moût, et donner en peu de temps à la conserve de raisins la solidité de l'extrait ou suc de réglisse, il acquerrait bientôt, par ce moyen, la faculté de faire en tout temps, avec une pareille conserve, des espèces de vins de Bordeaux à des distances considérables de ces fameux vignobles, ou au moins de réchauffer la cuve des petits vins, de leur donner plus de couleur et de corps, et d'augmenter leur spirituosité. J'invite les propriétaires des départemens du midi et de l'ouest de la France à ne pas perdre de vue cette idée heureuse, qui, réalisée, pourra devenir si avantageuse au commerce des vins.

On pourrait, avec le moût privé de cette manière de son humidité surabondante, sans avoir altéré sa composition, en le mêlant de nouveau avec la quantité d'eau nécessaire, le rendre tout aussi propre à la fermentation qu'il l'était avant l'évaporation, puisque le principe fermentescible et ce qui constitue le bouquet du vin, n'auraient éprouvé aucune désorganisation.

ÉVAPORATION PAR LA GELÉE. Les vérités que je viens d'énoncer ont frappé M. *Astier,* qui s'est occupé de chercher les moyens de se procurer une évaporation sans le secours du feu. Un expédient simple s'est présenté à sa pensée ; il a cru qu'en exposant du moût de raisins à la gelée, le fluide aqueux passerait à l'état de glace ; que la partie propre au sirop resterait fluide et pourrait en être séparée par l'étamine, ainsi que cela se pratique en pharmacie et dans l'économie domestique, pour la concentration du vinaigre, des vins faibles, et des autres liqueurs qui contiennent de l'eau par surabondance ; il a profité du froid pour y exposer, à diverses reprises, le moût qu'il avait garanti de la fermentation, à la faveur du mutisme ; et en séparant les glaçons par un tamis de crin, le fluide a acquis une consistance de 25 degrés à l'aréomètre

F 4

de *Baumé*, et peut-être obtiendrait-on le sucre à demi solide, du raisin par cette concentration.

Il est facile de concevoir que le procédé est simple, commode, et sur-tout très-économique, puisque, sans aucune dépense, on enlève au moût plus des trois quarts de son eau de végétation, et qu'il n'exige pas beaucoup d'ustensiles : à la vérité, il ne peut s'exécuter que sur les vins mutés, puisque la saison où il est praticable est nécessairement éloignée de l'époque de la vendange ; mais cette concentration n'étant pas suffisante, et l'effet de la gelée ne pouvant être poussé plus loin, il lui a fallu nécessairement avoir recours à la chaleur pour réduire son sirop à trente-trois ou trente-quatre degrés ; il a profité des avantages que lui présentait la nature. Il existe dans le voisinage de la ville d'Acqui, une fontaine d'eau thermale de la température de soixante degrés au thermomètre de *Réaumur*, et il s'en est servi pour donner à son sirop une consistance suffisante ; mais on verra plus loin que ce moyen, tout économique qu'il est, peut avoir des inconvéniens pour la qualité ; peut-être que, parvenu à ce degré, il n'en a pas autant, sur-tout dans des mains habiles, comme dans celles de M. *Astier*.

ÉVAPORATION PAR LE CALORIQUE. En attendant que le ventilateur de M. *Montgolfier*, et la congélation indiquée par M. *Astier*, aient été essayés et employés dans un grand atelier de manière à prouver leur efficacité, on a proposé d'autres moyens plus familiers pour favoriser l'évaporation du moût; mais la plupart ne peuvent convenir que dans le cas où il serait possible de préparer le sirop de raisins dans des chaudières de la capacité de deux ou trois hectolitres. Ces chaudières, suivant l'observation de M. *Charles Derosne*, ne doivent pas contenir plus de deux pouces de liquide à évaporer; il faut qu'elles soient établies sur des galères sous lesquelles il y ait différens foyers, et rapprocher le moût à vingt-sept et vingt-huit degrés de l'aréomètre en une heure de temps environ; on pourrait même accélérer l'évaporation, en promenant à la superficie des chaudières des espèces de rateaux qui multiplieraient les courans d'air, d'où l'on obtiendrait un résultat plus prompt et plus parfait que quand on fait bouillir dans des vases profonds.

On ne peut se dispenser d'observer que, si les sirops lentement évaporés donnent des sirops peu colorés, ils sont toujours plus désagréables par leur goût analogue à la manne. L'action vive du feu paraît donc nécessaire pour altérer et désunir divers principes combinés avec la matière sucrée dans le raisin. Combien sont irréfléchis les conseils qui établissent, comme maxime fondamentale de la préparation des sirops, de ne pas faire bouillir le moût ! La vérité est que la concentraion au bain-marie donne le sirop le plus cher et le plus détestable. Moins le sirop de raisins reste soumis à l'action du calorique, plus parfait est le produit ; c'est sur-tout vers la fin de son rapprochement que ce sirop redoute l'action de cet agent : dans la préparation de ce produit sucré, ce n'est pas seulement une action trop vive du calorique qu'on a à redouter, mais aussi celle trop prolongée de ce même agent à une température bien inférieure à celle de l'ébullition. Ces principes établis, il doit résulter qu'en laissant sur le feu le moins de temps possible le suc de raisins, on atteindra le dernier degré de perfectionnement.

SATURATION DU MOÛT.

Les acides que les chimistes modernes distinguent sous les noms de *tartrite acidule de potasse*, d'*acide malique*, abondent d'autant plus dans le moût que ce fluide est moins riche en matière sucrée, et *vice versâ*. Aussi les raisins du nord, ou qui n'ont pas encore acquis leur parfaite maturité, lui donnent un caractère qui le rapproche du suc de verjus : il faut donc en opérer la saturation ; sans quoi on ne pourrait pas obtenir de sirop doux de raisins aux deux extrémités de l'empire, ni le supplément du sucre des colonies dans les principaux besoins de la vie.

L'usage de saturer les acides dont il s'agit, au moyen des carbonates alcalins et terreux, se perd dans la nuit des temps ; cependant des hommes instruits se disputent encore aujourd'hui pour décider à qui appartient le mérite de la découverte. Voulant savoir à quoi m'en tenir sur les titres de propriété apportés par chacun d'eux, et mettre un terme à une discussion qui allait devenir polémique, j'ai cru, pour épargner aux auteurs un pareil désagrément, devoir les renvoyer aux cinquième et sixième livres des Géoponiques, à ce recueil précieux, le plus complet de ceux qui nous restent des anciens sur toutes les parties de l'agriculture, et les inviter à se convaincre par eux-mêmes que déjà les Grecs connaissaient parfaitement les moyens d'adoucir ainsi leur moût.

Quoique je n'attache aucun prix pour avoir proposé le premier de diminuer l'acidité du moût et d'augmenter la puissance du sucre qu'il contient, en réduisant ce fluide à la moitié de son volume, en le laissant reposer pendant trois jours et précipiter la plus grande partie du tartre, puisqu'ici je n'ai fait qu'une application des lois de la cristallisation, on ne pourra jamais contester à cette méthode , toute mécanique qu'elle est , certains avantages dans une foule de circonstances où il serait préjudiciable de saturer la totalité des acides contenus dans le moût. Il y a tout lieu de présumer que les anciens , qui connaissaient le rôle que le tartre joue dans la vinification , n'ajoutaient à leur cuve que la proportion nécessaire de ce qu'il en fallait pour en neutraliser une partie , afin de rendre leurs vins moins durs et plus promptement potables. Mais ne nous occupons ici que des moyens de désacidifier entièrement le moût par la voie des combinaisons, et de le mettre en état de fournir un sirop doux.

Les sentimens sont encore partagés sur le choix de la matière la plus propre à remplir cet objet. Les uns veulent que ce soit le carbonate de potasse, les autres le carbonate terreux ; enfin beaucoup vantent la charrée, c'est-à-dire , les cendres qui ont servi au coulage de la lessive , et qu'on a parfaitement lavées. La potasse , la soude, le plâtre, la chaux, l'eau de chaux, &c., sont encore indiqués comme propres à désacidifier le moût.

Sans m'arreter à examiner les avantages et les inconvéniens de chacun des moyens proposés et employés pour saturer le moût, j'en signalerai deux, l'un pour le proscrire comme désacidifiant, et l'autre pour l'admettre.

Il me paraît que les cendres, quoique recueillies avec soin, et dépouillées de tout ce qu'elles peuvent avoir de soluble, n'ont pas toute la valeur qu'on leur a attribuée en cette qualité. D'abord, il n'est guère possible qu'elles ne présentent à l'esprit quelque chose de sale; car, se trouvant toujours mêlées avec des substances étrangères, le plus souvent animalisées, qui tombent, ou qu'on jette par inadvertance, soit dans le foyer, soit dans le cendrier, elles doivent nécessairement communiquer au sirop une saveur désagréable.

Supposons que tous les soins se réunissent pour faire acquérir à ces cendres le degré de pureté dont elles sont susceptibles, en les lessivant et les dépouillant de ce qu'elles ont de soluble dans l'eau, il y aura toujours une raison chimique pour en exclure ici l'usage : car les plus pures contiennent, outre le carbonate de chaux, le seul agent nécessaire à la saturation, de l'oxide de fer, des phosphates de chaux et de magnésie : or la plupart de ces substances resteraient confondues dans le sirop, dont elles altéreraient la qualité; et en effet, en même temps que le tartre et l'acide malique seraient saturés par le carbonate de chaux, ils s'empareraient de l'oxide, et le convertiraient en malate et tartrite de fer, qui sont très-solubles. Ces mêmes acides ayant la propriété de dissoudre les phos-

phates, quoiqu'ils ne les décomposent pas, dissou-
draient ceux que contiennent les cendres; le sirop
résultant du moût saturé par ce moyen contiendrait
donc des malates et des tartrites de fer, des phosphates de chaux et de magnésie, et plusieurs autres
substances hétérogènes, telles que des sulfures.

D'ailleurs, il faut ajouter à ces défauts que les
cendres sont une frite faite avec de l'alcali végétal
et des terres, et que cette frite, que n'a pas attaquée
l'eau, est nécessairement décomposée par les acides du moût.

Je persiste donc à croire que l'emploi des cendres
les mieux préparées doit, malgré les partisans de
ce mode de saturation du moût, être rejeté, à cause
de l'influence désavantageuse qu'elles peuvent avoir
sur la qualité du sirop, et que la craie, qu'il est
également facile de se procurer par-tout, mérite
d'obtenir la préférence. Arrêtons-nous un moment
sur la manière d'en faire usage.

CRAIE. Cette matière n'a pas l'aspect désagréable
des cendres; elle est connue encore sous les noms
de *blanc d'Espagne*, de *blanc de Meudon*, et il n'en
faut qu'une petite quantité pour saturer beaucoup
de moût; sa parfaite insolubilité permet, d'ailleurs,
qu'on l'emploie par surabondance.

Il ne suffit pas d'avoir fait choix de la matière
la plus propre à neutraliser les acides du moût et

à fournir des combinaisons peu solubles, il faut encore l'approprier pour ajouter à son efficacité. La craie contenant, ainsi qu'on s'en est assuré, quelques portions de matières végétales et animales non encore parfaitement décomposées, pourrait avoir contracté, pendant son séjour dans la carrière, une odeur de moisi, et la communiquer au sirop : or, il est facile de prévenir cet inconvénient, en la lavant préalablement à plusieurs eaux, en la calcinant jusqu'au petit rouge seulement ; car poussée plus loin, elle prendrait le caractère de chaux, et alors le remède serait pire que le mal.

MARBRE BLANC. J'ai dit, dans la seconde édition de mon Instruction, que le marbre blanc en poudre pourrait être substitué à la craie dans les pays où cette dernière ne serait pas aussi commune ou n'aurait pas le qualités requises ; il paraît même qu'il y aurait plus d'avantages à s'en servir. La préférence que lui ont donnée, dans leurs intéressans travaux, MM. *Laurens, Poutet* et *Bournissac,* est motivée sur ce que l'acide carbonique est mieux saturé dans l'un que dans l'autre, et qu'il a plus d'action sur la décoloration du moût ; il se précipite avec plus de facilité au fond du vase, et concourt ainsi à la clarification du sirop de raisins d'une manière beaucoup plus prompte : l'un d'eux, M. *Poutet,* a remarqué que, lors du dégagement gazeux qui se manifeste pendant l'opération, il blanchit parfaitement le liquide, entraîne avec lui, par sa pesanteur, au fond de la chaudière, la matière féculente, sous un aspect verdâtre, et opère même quelquefois, par un repos instantané, la clarification du moût, au point qu'on aurait pu se dispenser de la pratiquer.

Les premières observations sur les avantages de l'emploi des carbonates terreux comme désacidifians, sont dues à M. *Pully*, qui a introduit, il y a seize années, à Naples, en sa qualité de pharmacien-chimiste de la cour, l'usage du sirop doux de raisins ; il s'en occupe encore aujourd'hui, quoiqu'inspecteur général des poudres et salpêtres du royaume.

Mais, quelle que soit la préférence que mérite ici le carbonate calcaire sur les cendres et les autres moyens désacidifians proposés, le sirop doux de raisins n'est point d'une pureté rigoureuse ; on a avancé une grande erreur, en disant et répétant avec assurance que le moût parfaitement saturé n'est plus que de l'eau sucrée, puisqu'à mesure qu'on l'évapore pour le convertir en sirop, il dépose toujours une matière, laquelle, examinée chimiquement, contient du malate de chaux, tout le tartrite de potasse, et une petite quantité de tartrite de chaux.

II

Il ne faut jamais songer à remplacer la craie et le marbre blanc par les autres désacidifians que nous avons déjà nommés, à cause de leur extrême solubilité, et de leur action connue sur les matières végétales et animales. C'est ce qui fait que souvent les sirops portent l'empreinte du moyen employé à la saturation du moût, et qu'on pourrait le reconnaître à leur couleur, à leur saveur, et à leur odeur de craie. Maintenant qu'il est à-peu-près reconnu que la craie, préalablement lavée et légèrement calcinée, paraît un des meilleurs moyens de saturer les acides du moût, il se présente naturellement plusieurs questions que nous allons reproduire pour y répondre.

Combien faut-il en employer !

Quel est le moment le plus favorable pour procéder à cette saturation !

Cette opération, pratiquée à froid ou à chaud, offre-t-elle le même résultat !

SATURATION À FROID. Elle a quelques partisans; et, en effet, rien de plus facile : on met d'un côté le moût dans un tonneau défoncé, et muni d'un robinet à sa partie inférieure, ou dans un cuvier; de l'autre, on prend une pinte de ce moût dans laquelle on a délayé la craie, et l'on verse ce fluide laiteux par portions, en agitant chaque fois avec une spatule de bois; il se fait, après quelques

G

minutes d'intervalle, une vive effervescence due au dégagement de l'acide carbonique, et il se précipite une matière blanche insipide. On recommence jusqu'à ce qu'il n'y ait plus de bouillonnement et que le moût cesse d'être acide, ce qu'on reconnaît par la dégustation, par l'immersion du papier bleu, ou enfin par l'addition du lait : mais ces épreuves, à la vérité, regardées dans les laboratoires comme des pierres de touche, sont fort équivoques.

D'abord, il est difficile au palais le plus exercé de distinguer la saveur aigrelette de la saveur douceâtre d'un fluide, quand il est pourvu d'une certaine quantité de calorique ; ensuite, lorsque l'acide ne se trouve plus qu'en petite quantité, la couleur du papier ne change pas sensiblement. Reste le lait ; mais sa coagulation s'opère par tant de matières de nature opposée, dans lesquelles on ne soupçonne pas d'acide à nu ou masqué, qu'il pourrait bien cailler par le seul fait du corps sucré. Ne voyons-nous pas le sucre, l'amidon, la gomme, &c. présenter le même phénomène ! Au milieu de ces incertitudes, il n'y a qu'un moyen de les fixer ; c'est d'ajouter au moût de la craie, après même qu'il n'y a plus d'effervescence.

Il n'est guère possible de déterminer avec exactitude la quantité de craie qu'il convient d'employer pour désacidifier complétement le moût; ce qu'on peut établir par aperçu, c'est qu'il en faut infiniment moins au midi qu'au nord, et d'autant plus dans les deux latitudes, que le raisin n'a pas acquis sa parfaite maturité : mais, dans tous les cas, l'excédant ne saurait nuire, vu que les carbonates terreux sont insolubles, qu'ils se précipitent et restent confondus sur les filtres, avec les écumes et les sels insolubles qu'ils ont produits par leur combinaison avec les acides.

Il paraît bien démontré que si la saturation à froid du moût pouvait s'effectuer complétement, ce serait à celle-là qu'il faudrait donner la préférence, parce qu'elle est moins embarrassante et plus expéditive, sur-tout pour la ménagère; mais. les partisans de la saturation à chaud lui font quelques reproches, et leur nombre ne nous permet pas de croire que cette préférence soit sans fondement.

SATURATION À CHAUD. Indépendamment de ce que la plupart des particuliers ont opéré de cette manière, on a remarqué qu'en exposant sur le feu le moût au sortir du pressoir, à 60 degrés, il devient d'abord plus liquide et moins visqueux. Les acides, dont la quantité diminue à mesure que le raisin mûrit, sont plus à nu et deviennent plus sensibles aux réactifs, et, comme le remarque

M. *Leschevin*, commissaire en chef des poudres et salpêtres, les sels insolubles qui en résultent se précipitent plus complétement, la liqueur s'éclaircit plus vîte ; il n'hésite pas de donner la préférence à la saturation à chaud.

Il ne faut pas attendre, pour saturer le moût, que ce fluide soit réduit à la moitié de son volume, ainsi que quelques auteurs le proposent, sous prétexte de concentrer davantage les acides, et de donner plus de prise aux absorbans destinés à les neutraliser ; car le moût, arrivé à ce terme d'évaporation, dépose une grande partie de son tartre, et éprouve, pendant qu'il a ainsi séjourné sur le feu, des modifications et des combinaisons préjudiciables à la qualité du produit. D'ailleurs, trop rapproché, il deviendrait nécessairement moins facile à clarifier et à passer à travers le tissu de laine qui, dans cette occasion, sert de filtre.

Peut-être y aurait-il de l'avantage ou à ne donner au moût qu'une température de 25 degrés, qui agirait avec moins d'énergie sur la matière extractive, ou à adopter l'une et l'autre saturation : la première neutraliserait l'acide développé dans ce fluide, et l'empêcherait de réagir sur le sucre lors de l'impression de la chaleur ; la seconde s'emparerait de l'acide à mesure qu'il se développe pendant l'évaporation , et empêcherait l'action vive qu'elle exerce. Cette question mériterait bien qu'on fît des expériences comparatives pour l'éclaircir.

C'est à l'instant où le moût approche du degré d'ébullition, qu'il faut enlever toutes les écumes sans remuer le liquide, retirer ensuite la chaudière du feu, y jeter à plusieurs reprises la craie délayée préalablement dans un peu d'eau, agiter chaque fois la liqueur jusqu'à ce que l'effervescence ou bouillonnement cesse, en ajouter même encore après.

On conçoit que la proportion de craie doit varier selon les climats et la nature des raisins : il paraît que, sur cent pintes de moût du midi, c'est environ un quarteron de craie : mouillée quelques heures avant son emploi, elle se réduit spontanément en une poudre plus ténue qu'on ne pourrait l'obtenir par aucun autre moyen.

Après la parfaite saturation du moût, il faut se hâter de procéder à sa clarification et à sa concentration en sirop ; ces deux opérations complètent le travail. Mais ce serait une précaution inutile que d'attendre, pour séparer exactement toute la matière insoluble, qu'il précipite, puisqu'il en fournit une nouvelle quantité à mesure qu'on évapore pour lui donner la consistance requise. C'est le sirop qu'il faut décanter après qu'il est entièrement refroidi, et non le moût saturé. Lorsqu'il sera question du travail en grand, nous ferons connaître quelle est la marche qu'on doit suivre pour opérer la saturation du moût.

Mais quand bien même ces sels terreux, qui exigent, pour leur dissolution, beaucoup de fluide, se trouveraient abondamment dans le sirop, ils ne peuvent préjudicier à la santé, puisqu'ils existent dans une foule de substances dont nous faisons journellement usage pour nos alimens et nos boissons.

Il suit de tout ce que nous venons d'exposer, que la saturation du moût, qui a pour but de séparer le tartrite acidule de potasse et l'acide malique qu'il contient, ainsi que des autres acides qu'on a pu y introduire en mutant et en séparant une grande partie de matière extractive qui constitue le principe du levain, doit toujours s'opérer à l'aide du calorique ; qu'elle a des avantages qu'on ne peut trouver dans la saturation faite à froid ; qu'elle est complète au moyen de la craie ou du marbre blanc, préalablement lavés et employés par excès ; que le sirop doux de raisin qui en résulte peut s'allier avec tout, même avec le lait, sans qu'il s'ensuive de coagulation ; mais que, quand il s'agit d'adoucir le moût pour l'employer ensuite à la cuve en fermentation, il faut borner l'opération à en diminuer l'acidité par la réduction du liquide,

le repos et la décantation, et ne la compléter ni
au midi ni au nord.

DE LA CLARIFICATION DU MOÛT.

Les avantages que les arts chimiques retirent
des différens moyens de clarifier les sucs des végétaux, m'avaient déterminé, les années précédentes,
à examiner dans le plus grand détail les principaux
phénomènes qu'ils présentent dans leur application. Ces moyens sont, la dépuration, la filtration,
le concours du calorique, des acides et de plusieurs
substances gélatineuses et albumineuses; mais,
pour parvenir à ce but, la dépuration est le plus
avantageux, parce qu'elle ne change en rien leur
constitution essentielle; elle ne fait qu'en séparer
par le dépôt les matières non dissoutes qu'on a intention de rejeter : ce moyen mériterait sans doute
la préférence sur celui que l'on pratique par le feu
avec l'intermède de l'albumine.

Si ces sucs étaient moins disposés à la fermentation, ils donneraient le temps à l'artiste d'opérer
leur clarification spontanée et par résidence ; mais
malheureusement la plupart de ces sucs sont composés de principes tellement disposés à un nouvel
ordre de combinaison, que, dans l'été, quelques
heures suffisent pour les rendre méconnaissables.
Tel est le moût de raisins ; il contient naturellement

le principe de la fermentation à un si haut degré, et celui-ci agit sur lui d'une manière si prompte et si énergique, que le vendangeur l'a à peine versé dans la cuve qu'il a déjà changé de nature et de propriété. Dans les environs de Naples, c'est l'affaire de deux heures.

CLARIFICATION PAR LES BLANCS D'ŒUFS. Il n'y a que l'albumine qui puisse sans inconvénient remplir cet objet, soit qu'on l'emprunte des blancs d'œufs, ou qu'il provienne de la sérosité du sang, suivant les ressources locales, toutefois sous la condition que ces matières animales n'aient éprouvé aucune altération, un seul œuf gâté étant capable de communiquer le plus mauvais goût à une quantité énorme du meilleur sirop.

Cependant le choix de l'albumine ne paraît pas une chose indifférente. M. *Poutet* a remarqué que la clarification ne s'opère ni aussi promptement ni aussi complétement par les blancs d'œufs que par le sang de bœuf ou de mouton, quoique quelques personnes aient refusé à ce fluide la propriété de clarifier convenablement le moût destiné aux sirops. Lorsqu'il est question des raisins blancs, voici comme il opère. Quand la saturation est faite, il enlève le liquide et l'expose à l'air dans un cuvier pendant douze heures, pour obtenir la précipitation d'une partie du tartrite calcaire : alors il passe à travers un carré de laine le moût saturé, qui, quoique froid, coule rapidement; il fouette trois gobelets de sang de bœuf avec du moût froid, et il jette le mélange dans la chaudière contenant quatre à cinq quintaux. Dès qu'il éprouve les premières impressions de la chaleur, le moût se trouble; et, lorsqu'il parvient à l'ébullition, le sang se coagule par portions assez grosses, monte en partie à la surface : on passe de nouveau, et on met le moût, ainsi clarifié, ayant la diaphanéité de l'eau à peine colorée; et il procède à la cuisson, en maintenant le bouillon pour obtenir un sirop peu coloré et à peine caramélisé.

Quand le moût a acquis le degré de l'ébullition, il faut laisser l'écume se rassembler tranquillement à sa surface et l'enlever le plus exactement possible, sans quoi cette matière, concentrée par la chaleur, se précipiterait comme une fécule, ou resterait divisée dans le liquide, ce qui le rendrait ensuite très-difficile à clarifier et à filtrer à travers l'étoffe de laine. On sait ce qui arrive au *pot-au-feu,* quand on a oublié de l'écumer; le bouillon reste constamment trouble et n'est pas de garde.

CLARIFICATION PAR LES SULFATES. On a conseillé, mais assez témérairement, le sulfate de fer et d'alumine, comme des spécifiques dans l'ordre des clarifians ; mais il est du devoir de l'homme public de tonner contre un pareil usage, qui ferait contracter au sirop de l'âcreté, et d'autres défauts capables de donner de ses effets l'opinion la plus défavorable, qu'on parviendrait difficilement ensuite à détruire.

Qui pourrait s'empêcher de taxer et de poursuivre comme empoisonneurs publics, ces cabaretiers qui continueraient de corriger l'acidité de leurs vins avec de la litharge ; ces limonadiers qui clarifieraient leurs liqueurs avec le sel de Saturne ; enfin, pour terminer le tableau fatigant des sophisticateurs, ces épiciers qui rehausseraient la couleur verte des cornichons à la faveur du cuivre !

CLARIFICATION PAR LE CHARBON. Ses effets comme décolorant sont assez bien prouvés. M. *Charles Derosne*, qui s'en est servi avec succès dans ses expériences sur le sucre de cannes, a eu lieu d'être satisfait du résultat : il a remarqué qu'il diminuait le mauvais goût qu'avaient différens sirops, et qu'il en modifiait sensiblement la couleur. Il ne faut donc rien rabattre de tout ce qu'on a dit de ses effets.

Le meilleur emploi qu'on ait pu faire jusqu'à présent du charbon, c'est de prévenir la corruption de l'eau et de la rendre potable quand elle est gâtée ; mais nous sommes loin de croire que les viandes ainsi désinfectées acquièrent une saveur plus agréable que celles qui n'auraient pas subi d'altération. Si elles sont plus tendres et moins sapides, c'est la preuve la plus évidente que leur tissu et leur saveur ont éprouvé un commencement de décomposition. Il suffit qu'elles n'aient aucun effet malfaisant dans leurs usages, pour ne pas négliger de leur appliquer ce moyen.

On vient de proposer à la société d'encouragement pour l'industrie nationale, un moyen de décolorer le sirop de sucre préparé avec les cassonades les plus communes, de manière à lui donner l'aspect de l'eau filtrée. Nous ne connaissons pas ce moyen; mais, si ce n'est pas le charbon, nous présumons bien qu'il n'appartient pas à ces matières, qui jouissent au plus haut degré de la propriété de décolorer les sirops, propriété assez inutile par l'impossibilité et le danger de les employer. Voici, d'ailleurs, le rapport que MM. *Darcet* et *Cadet-Gassicourt* ont fait au nom du comité des arts chimiques :

« Il est certain qu'on n'est pas encore parvenu
» à clarifier la mélasse et les sucres bruts avec
» autant de perfection. Dans les circonstances
» actuelles, ce procédé utilise une substance (la
» mélasse) qui n'était pas applicable aux usages
» domestiques, et que l'on repoussait à cause de
» son âcreté et de sa viscosité; mais dans tous les

» temps cette méthode rendra de véritables ser-
» vices, en donnant aux sucres les moins purs les
» propriétés qu'on ne trouve pas dans les sucres
» supérieurs. La pharmacie des hôpitaux, et même
» la pharmacie commerçante, les confiseurs, dis-
» tillateurs, liquoristes, pourront en tirer un
» grand parti ; et si ce procédé est un jour connu
» et adopté, il fera baisser le prix de beaucoup de
» marchandises que l'habitude a classées parmi les
» objets de première nécessité, et dont la classe
» peu aisée du peuple serait privée, si on ne trou-
» vait le moyen de les mettre à sa portée. »

DE LA CUISSON DU MOÛT.

La concentration de ce fluide sucré, et son rapprochement à différens degrés de consistance, ont
une date aussi ancienne que l'art de planter la
vigne et de faire le vin. Les habitans de l'Archipel
et de l'Égypte ont recours encore aujourd'hui à ce
procédé, pour composer une espèce de sorbet
très-usité parmi les Orientaux, et qui n'est réellement qu'un raisiné plus ou moins liquide.

Aussitôt que le moût est saturé, écumé et clarifié,
il ne faut pas perdre un instant pour le porter au
degré de l'ébullition, et le maintenir à ce degré
jusqu'à sa parfaite cuisson, l'expérience ayant démontré qu'elle ne s'opérait complétement que par

ce moyen , sur - tout par le secours de vaisseaux appropriés : c'est en les changeant de forme, qu'on est venu à bout de perfectionner toutes les opérations du raffinage.

Je dois observer que le chaudron dont on se sert journellement dans la cuisine, n'est réellement propre qu'à chauffer l'eau; tout s'y brûle, tout s'y décompose ; il a trop de profondeur, pas assez d'ouverture, et occasionne une grande dépense de combustible ; il faut donc le réformer : c'est une bassine à confiture qu'il faut préférer, comme le meilleur évaporatoire ; la ménagère peut la placer dans le foyer sur un trépied, de la même manière que son chaudron favori.

Un autre ustensile auquel il faut encore renoncer, ce sont les chaudières ou bassines de cuivre en forme de cône tronqué ; elles réunissent l'inconvénient de prolonger le travail, de consommer en pure perte une grande quantité de combustible, et, par-dessus tout, d'altérer les sirops.

On doit donc se servir, de préférence, de chaudières peu profondes, à large surface, les placer toujours sur des fourneaux qui ne reçoivent l'action du feu que sous leur partie inférieure. Sans ces précautions essentielles, la chaleur frapperait les parois latérales des vaisseaux évaporatoires , brûlerait la portion desséchée contre ces mêmes parois, par la diminution du volume de la liqueur, colorerait le produit et lui communiquerait un goût de cuit.

Le meilleur moyen de procéder à la cuisson du moût et de fournir un produit de qualité supérieure, c'est d'appliquer à la concentration rapide de ce fluide ces chaudières et ces fourneaux, disposés de manière qu'on puisse tout-à-coup exciter le feu ou l'arrêter, et obtenir un prompt refroidissement par le passage des sirops à travers les sinuosités d'un grand serpentin suffisamment réfrigère. Telles sont les principales précautions qu'on a prises à Bergerac et à Mèze, pour que le sirop restât le moins possible à l'action de la chaleur. On est parvenu à compléter sa cuisson en ne le tenant que deux heures sur le feu et avec fort peu de développement. Dans l'atelier, on en prépare trente quintaux par jour : c'est avoir beaucoup gagné en célérité ; et la célérité, dans ce cas, est un des élémens de la perfection.

Le premier chimiste qui a imaginé de déterminer la cuisson des sirops en général, au moyen d'un instrument connu sous le nom d'*aréomètre*, c'est *Baumé*. En proposant cet ingénieux instrument, il a voulu donner aux personnes peu exercées, le moyen de connaître très-facilement le degré de cuisson que les sirops doivent avoir, et leur épargner l'embarras de chercher le vrai point de cuisson. Mais un pharmacien ne peut suivre l'avis de *Baumé* à la lettre , sans s'exposer à des résultats variables : c'est l'habitude, l'expérience , et la connaissance de la nature des substances qui entrent dans la préparation des sirops , qui peuvent fournir ces indications. M. *Astier* annonce avoir trouvé un moyen simple de déterminer la cuisson du sirop de raisins : c'est un petit instrument composé de deux boules métalliques d'inégale grosseur, réunies par une tige très-fine.

Ce pharmacien instruit assure que , pour connaître le vrai degré de cuisson du sirop de raisins , cet instrument est extrêmement commode, en ce qu'il n'y a qu'à le laisser dans la bassine pendant tout le temps de l'évaporation : il reste au fond tant que le sirop est au-dessous de trente-trois degrés, et vient nager à la surface du fluide dès qu'il a acquis ce point de concentration.

M. *Henry* a essayé l'aréomètre de M. *Astier* avec le sirop de raisins et celui préparé avec le sucre des colonies ; il n'a point obtenu le même résultat, en prenant pour terme de comparaison , pour les degrés, le pèse-sirop de *Baumé*. Lorsque le sirop bouillant marquait vingt-six degrés , celui de M. *Astier* est resté constamment au fond de la bassine ; mais à vingt-sept, il a monté à un pouce au-dessous de la surface du liquide ; et à vingt-huit degrés, il s'est élevé à quatre lignes au-dessus , et il est resté à la même élévation lorsque le sirop marquait à l'aréomètre de *Baumé* trente-trois degrés.

L'aréomètre à tige, soit en argent, soit en verre, lesté avec le plomb, lui paraît préférable pour ces sortes d'opérations, en ce qu'il est plus facile de saisir le vrai point de cuisson au moyen de la tige graduée, au lieu qu'un corps de forme sphérique peut induire en erreur. M. *Henry* ne doute pas que le moyen proposé par M. *Astier* ne devienne un jour très-utile aux pharmaciens ; mais il est persuadé qu'il ne peut être mis en usage sans quelques modifications , soit dans sa forme, soit dans son lest.

Comme , parmi les substances végétales non volatiles , une des plus faciles à désorganiser par l'action de l'air et du calorique , est bien positive-ment l'extractif; que le moût en contient d'autant plus qu'il a été exprimé plus fortement ; il n'est pas douteux que cet extractif ne joue un rôle dans la couleur, la saveur, la consistance si variables des sirops.

Si l'on parvenait à séparer l'extractif de la ma-tière sucrée, comme on en éloigne les acides tarta-reux et maliques, on rendrait peut-être les sirops
d'une

d'une qualité plus uniforme, et plus susceptibles de conserver leur fluidité et de s'allier avec beaucoup d'autres objets. On est bien parvenu à mettre à part l'alcool et l'eau, avec lesquels il a tant d'affinité ; pourquoi, au moyen de combinaisons, ne viendrait-on pas à bout d'opérer une pareille amélioration! Nous ne pouvons que la desirer, et engager à réunir tous les efforts pour l'obtenir : c'est en multipliant les essais et les tâtonnemens, qu'on attrape ces tours de main en quoi consiste souvent, dans les arts, le succès des opérations, et qu'on arrive à des résultats plus parfaits.

PRÉPARATION DES SIROPS ET CONSERVES DE RAISINS.

Les innovations même les plus avantageuses déplaisent toujours à ceux qui ne veulent suivre que les chemins frayés par l'aveugle routine : or je regarde comme une véritable conquête sur les préjugés, l'enthousiasme qu'ont manifesté les habitans des départemens méridionaux en faveur des sirops de raisins. Assurément j'étais éloigné de penser que, vu les mauvaises vendanges de 1808 et de 1809, on mettrait à profit les conseils que j'ai donnés dans ma premiere instruction ; cependant les ménagères, les pharmaciens, les fabricans, se sont encore occupés à l'envi de cette utile ressource pendant les dernières vendanges.

Ce n'est donc pas sans fondement que je me suis cru autorisé à avancer que la fortune des sirops et conserves de raisins était aussi complète au midi de la France que celle des pommes de terre l'est aux deux extrémités de l'Empire. La première s'est opérée dans l'espace d'un mois; et il ne m'a procuré, excepté quelques pamflets, que de la satisfaction. Il a fallu, pour assurer l'autre, une lutte d'un demi-siècle, un peu de persécution, et sur-tout beaucoup de persévérance; mais tout est oublié, puisque j'ai été assez heureux pour conserver à la classe la plus nombreuse et la moins aisée un aliment substantiel, que l'esprit de système et de contradiction voulait lui enlever, et pour fournir à toutes les autres de quoi remplacer le plus salutaire et le plus agréable de nos assaisonnemens.

Cependant la tâche que je me suis imposée n'est pas encore remplie : je dois à ceux qui n'ont pas eu une réussite complète dans leurs premières tentatives, et qui se proposent de les recommencer avec la même ferveur, quelques éclaircissemens qu'il est possible de réduire à huit questions principales :

1.º Existe-t-il des fabriques de sirops et conserves de raisins auxquelles on puisse s'adresser avec confiance pour en avoir sa consommation ! Dans quels lieux se trouvent-elles établies ! Les fabriques ont-elles des dépôts particuliers dans les grandes villes ! A quel prix le sirop s'y vend-il en détail !

2.° Quel est le produit commun du moût de raisins du midi, converti en sirops dans les bonnes années, comparé à celui du nord !

3.° A combien reviennent-ils aux propriétaires de vignes qui n'ont pas eu besoin d'acheter le raisin !

4.° Peut - on empêcher les sirops d'acquérir, quelque temps après leur préparation, l'aspect et la consistance du miel ! Comment restituer leur première fluidité !

5.° Quels sont les signes propres à caractériser les qualités spécifiques des sirops !

6.° Connaît-on par aperçu la quantité de sirop confectionnée au midi , seulement par les parti-culiers !

7.° Quelles sont les vertus médicinales que l'art de guérir a déjà reconnues dans l'usage des sirops de raisins !

8.° Enfin, dans quelle quantité faut-il employer le sirop, pour équivaloir à l'effet du sucre de cannes réduit sous la même forme !

J'ai déjà répondu, dans les journaux et par ma correspondance particulière, à la plupart de ces

questions; les détails dans lesquels je vais successivement entrer éclairciront les autres. D'ailleurs,
il n'entre pas dans mon plan de passer en revue
tous les procédés qui ont été publiés depuis que
je m'occupe de cet objet.

Il me semble qu'on peut réduire à trois classes
particulières ceux qu'il importe essentiellement
d'éclairer sur la préparation des sirops et conserves de raisins; mais, avant de retracer à chacun
d'eux la marche qu'il convient à ses intérêts et
à sa position locale de suivre, essayons de présenter quelques vues générales sur la nature des
sirops qu'il est possible de retirer, dans tous les
cantons vignobles, de la même qualité de raisins;
savoir :

1.° Le sirop doux fabriqué avec le moût saturé;

2.° Le sirop aigrelet, c'est-à-dire, celui qu'on
obtient sans le concours de la saturation.

L'un et l'autre sirops ont des propriétés médicamenteuses qui n'existent pas dans le sucre de
cannes, et dont le praticien habile peut profiter.
J'aurai bientôt l'occasion de les indiquer.

Les échantillons de sirops qui m'ont été adressés
des différens départemens du midi, varient infiniment par la saveur, l'odeur, la couleur et la consistance, quoique provenant de raisins blancs et du
même canton; les uns ont un arrière-goût de manne,

les autres de caramel ou de cuit : ce dernier n'est pas désagréable. Quand d'ailleurs on a bien opéré, l'un appartient à la lenteur et l'autre à la rapidité du feu.

Il m'a paru que, dans la plupart des sirops doux, la saturation du moût avait été négligée ; car ils coagulent plus ou moins promptement le lait, et c'est un défaut dont ils sont exempts quand leur désacidification a été complète. Je pense que, si on veut l'éviter et obtenir des sirops fort doux, c'est de se servir de la craie ou du marbre en poudre par surabondance, préalablement lavés et légèrement calcinés.

Il s'agissait sur-tout de bien distinguer ce qui appartenait à la qualité du raisin et à la manière d'opérer ; c'est ce qu'a fait avec une rare intelligence M. *Charles Derosne,* à qui on doit d'excellentes observations sur le terrage du sucre. Il résulte de son examen, que toutes les espèces de sirops sont composées principalement d'une partie sirupeuse soluble dans l'alcool, d'une matière extracto-gommeuse ou végéto-animale insoluble dans cet excipient, et de différens sels terreux, calcaires, dont partie n'est que suspendue dans ces sirops, et l'autre dans un véritable état de dissolution : ils proviennent des matières employées comme désacidifiant.

Ce qu'il y a de très-certain, c'est qu'en suivant strictement tout ce qui a été précédemment recommandé, on obtiendra le meilleur sirop possible : bien entendu que l'année aura favorisé les opérations ; car il ne faut pas se faire illusion, les sirops seront toujours soumis aux mêmes lois que les vins. Ces derniers ont plus de montant, de corps et de parfum, sont plus vineux, s'il est permis de s'exprimer ainsi, suivant les vendanges ; alors aussi les sirops seront plus sucrans, et différeront, sous la même consistance, de pesanteur spécifique. Qu'on cesse donc d'être étonné des aspects si différens des sirops, même bien manipulés.

J'ai vu de ces sirops qui, faits avec le moût du raisin muscat, en avaient retenu la saveur, et m'ont prouvé que cette espèce pouvait très-bien être employée à une semblable destination, parce qu'une portion de l'arome que le feu volatilise devient fixe par sa combinaison avec la matière sucrée.

J'en ai vu qui étaient assez agréables, assez dépouillés de la saveur du fruit, pour faire douter qu'ils fussent préparés uniquement avec le moût.

Enfin j'en ai goûté d'autres ; mais au lieu d'une liqueur sucrée, limpide, capable de flatter également la vue, le goût et l'odorat, ils n'offraient qu'un liquide épais, dégoûtant par son opacité et sa couleur rembrunie, par son odeur nauséabonde,

par sa saveur de manne. La moindre négligence
et le plus léger oubli dans les diverses manipulations , peuvent communiquer à ces sirops des
défauts qui forceraient nécessairement à en cir-
conscrire l'usage, donneraient sur leur qualité des
préjugés , et diminueraient par conséquent la ressource du supplément proposé, si l'on n'y renonçait
pas tout-à-fait.

Quelques personnes ont prétendu que c'était à
Blois qu'on avait fixé le procédé pour faire de beau
sirop de raisins. Loin de partager leur opinion, je
déclare que c'est-là qu'il a été le moins bon. Je
me garderais bien cependant d'en accuser la qualité
du raisin ; la faute en est à la manipulation. Il faut
espérer que la perfection de ce procédé résultera du
temps, de l'expérience, et des efforts de ceux qui
ont déjà dirigé leurs recherches vers cet objet.

J'apprends avec grand plaisir , par le n.º 2 du
cahier de février de la Bibliothèque physico-éco-
nomique, que M. *Fouque* a renoncé à son procédé,
pour adopter celui des fabricans de Bergerac : il ne
pouvait mieux faire. Mais à quoi bon vouloir persuader que le sirop de raisins de Montreuil-sous-
Vincennes, équivaut en qualité à celui du midi !

Plusieurs particuliers, trompés dans l'achat qu'ils
ont fait de sirop de mauvaise qualité, se plaignent
amèrement, et desirent qu'on oppose une barrière

à ce genre de fraude. Je leur demande , comme faveur spéciale , de ne pas prononcer en dernier ressort contre le sirop de raisins , et de prendre quelque soin pour s'en procurer de mieux conditionné.

Nous pensons, comme M. *Poutet*, qu'on devrait former des dépôts de sirops de raisins , mais ne les confier qu'à des hommes qui comptent l'estime publique pour une partie de leur revenu, et mettre ces sirops au nombre des objets que l'école de pharmacie, concurremment avec celle de médecine, inspectent annuellement au nom de la loi.

Cette surveillance de la police deviendrait la sauve-garde des honnêtes fabricans, et un frein capable d'arrêter ceux qui portent un préjudice notable à la préparation et au commerce des sirops et confitures de raisins.

SIROP DOUX. Le meilleur moyen de se procurer des sirops doux de qualité supérieure, et de leur conserver le goût de fruit, c'est d'en faire peu à-la-fois, de procéder avec soin à la préparation du moût, sans foulage ni égrappage, à la saturation, et d'appliquer à la concentration rapide du moût, la forme de chaudières à large surface et de peu de profondeur. Rappelons-en les principaux points.

Raisins pressés légèrement sans fouler ni égrapper ; saturation à chaud et à froid avec craie ou marbre blanc , ces deux substances extrêmement pures et en surabondance ; clarification avec les blancs d'œufs , ou mieux encore avec le sang des animaux ; enlèvement des écumes à mesure qu'elles montent à la surface ; évaporation rapide ; refroidissement prompt lorsque la liqueur est parvenue à trente-trois degrés au moins de l'aréomètre ; décantation du liquide quinze jours après la cuite , des dépôts terreux et de l'excédant de l'intermède désacidifiant employé : telles sont les conditions les plus essentielles , d'après lesquelles on pourra se flatter d'avoir un produit d'autant plus parfait , que ces conditions seront plus exactement remplies.

SIROP ACIDE. On prend la quantité de moût qu'on a l'intention de destiner à convertir en sirop ; on le fait promptement bouillir ; il se rassemble bientôt à la surface du liquide une matière féculente albumineuse que l'on sépare avec l'écumoire. Quand la liqueur est réduite à-peu-près à la moitié , on la verse dans une terrine évasée, qu'on laisse déposer dans un lieu frais pendant trois jours : au bout de ce temps, on décante la liqueur et on la remet sur un feu vif, pour lui donner la consistance d'un sirop bien cuit : il dépose nécessairement encore une certaine quantité de tartrite acidule de potasse d'autant plus abondamment , que le raisin provient des départemens du nord ; mais il est facile de le décanter un mois après.

Ce sirop aigrelet, pour lequel il est inutile d'employer les désacidifians, a tout l'agrément du sirop de verjus. M. *Derosne*, membre de la société de pharmacie de Paris, a obtenu, des raisins du département de Seine-et-Marne, de très-bon sirop acide et transparent, sans avoir besoin de le clarifier ; le tartre qu'il contient encore contribue beaucoup à l'éclaircir aussi facilement que celui qui est doux.

Ce sirop, qui n'a pas été préalablement saturé par la craie, n'est pas plus susceptible de s'altérer que celui du même ordre préparé avec le sucre des colonies. Tous les sirops doux et acides au sucre de cannes ou de raisins, sont plus ou moins suceptibles de fermenter. Il faut donc avoir soin de les visiter de temps en temps, pour juger s'ils ne s'altèrent point ; et, dans le cas où ils menaceraient ruine, les amener sans perdre de temps à un état plus solide, pour les employer, au nord, dans la cuve en fermentation. Voyons maintenant les conserves, qui ne sont que des sirops concentrés.

CONSERVES DE RAISINS.

Un moyen simple, assuré et commode de

favoriser le transport et la conservation des sirops de raisins, de pouvoir même en préparer à de très-grandes distances des cantons vignobles, long-temps après les vendanges, c'est, d'une part, de *muter*, c'est-à-dire, de soustraire le moût à la fermentation; et, de l'autre, de poursuivre l'évaporation de ce liquide au feu, en le rapprochant, sans clarification, de la consistance de *rob*, expression arabe adoptée en médecine pour désigner l'extrait des fruits mous succulens et pulpeux, appelés *baies*.

Mais comme cette préparation n'est, à proprement parler, que la réunion de tous les principes du moût sous un moindre volume, nous pensons que le nom de conserve exprime mieux l'objet auquel on la destine : elle est au raisin ce qu'est la moscouade à la canne ; c'est le fruit moins la pellicule et les pepins, dans lesquels se trouvent des substances de qualité opposée à la matière sucrée.

CONSERVE DOUCE. La préparation en est fort simple : on commence l'évaporation du moût dé-sacidifié et écumé, de la même manière que pour procéder à la cuisson du sirop doux de raisins, et on la continue jusqu'à la réduction des trois quarts ; on diminue alors la chaleur : on agite sans cesse la masse à mesure qu'elle s'épaissit, afin d'empêcher qu'elle ne s'attache aux parois et au fond de la bassine, ce qui lui donnerait une saveur âcre de caramel, qu'elle ne manquerait pas de communiquer à tous les objets avec lesquels on pourrait l'associer.

On est assuré que la conserve a acquis le degré de cuisson convenable, quand elle est devenue d'un brun médiocrement foncé, et qu'en en laissant tomber une petite masse sur une assiette de faïence, elle ne s'affaisse point, qu'elle garde la consistance d'un miel fort épais ; on la verse, toute chaude, dans des pots de terre non vernissés, bien propres, qu'on recouvre le lendemain avec un parchemin mouillé.

Le moût de raisins du midi, qui, dans les bonnes années, produit environ un quart de son poids de sirop à trente-trois degrés, n'en fournit guère que la moitié dans l'état de conserve.

CONSERVE ACIDE. En employant le moût tel qu'il est exprimé du raisin, et lui faisant subir l'opération qui vient d'être décrite, on obtient une conserve qui renferme la totalité du tartre que le raisin fournit.

Si chaque maîtresse de maison se bornait à préparer un pot de trois à quatre kilogrammes de chacune de ces conserves, elle pourrait renouveler son approvisionnement de sirops ou les remplacer quand ils seraient altérés, puisque, comme tous

(125)

les autres sirops préparés au sucre de cannes, ils
ne peuvent braver d'une année à l'autre l'action
destructive du temps, malgré la précaution essentielle de les diviser par litre, de tenir les bouteilles parfaitement bouchées et à une température
fraîche.

Pour préparer les sirops doux et acides avec les
conserves, il suffit de délayer l'un et l'autre comme
le miel dans trois fois son poids d'eau, et de mettre
la liqueur dans une bassine sur le feu, de l'écumer
au premier bouillon et de la clarifier aux blancs
d'œufs, de passer à travers un blanchet et d'évaporer jusqu'à la consistance de sirop.

Il ne faut cependant pas s'attendre à ce que ces
sirops résultant des conserves soient aussi délicats
que ceux préparés immédiatement avec le moût;
mais ils n'en serviront pas moins aux besoins jour-
naliers de la famille. Les cassonades, à tous les degrés de blancheur et de pureté, ne trouvent-elles
pas leur débit et leur consommation ! Les légers
défauts qu'elles contractent à la longue se perdent
dans la masse des solides et des liquides où elles
entrent. Les conserves rempliront toujours le but
de leur destination; elles ne pourront s'altérer en
passant d'une température à l'autre; elles trans-
porteront sous moins de volume une plus grande
quantité de matière sucrée, seront par conséquent

d'un transport plus facile et moins coûteux : si le temps ou d'autres circonstances leur font éprouver des avaries, elles n'en seront pas moins propres à la cuve du vigneron.

La préparation de la conserve de raisin ne mérite donc pas moins d'intéresser les fabriques que celle des sirops : qui sait si un jour on ne prendra point le parti d'amener le moût, sans lui faire subir de saturation, à cet état demi-solide pour le commerce, de manière que le particulier, le pharmacien, le vigneron, pourraient lui donner la destination conforme à ses besoins? Je ne serais pas étonné qu'un jour, dans cet état de moscouade, les raisins du midi ne devinssent une ressource pour l'Europe, comme l'art de dessécher ces fruits l'a été pour nos desserts d'hiver.

PROCÉDÉ DE LA MÉNAGÈRE. Le sirop nécessaire pour la provision annuelle de la maison, peut se préparer en une ou en deux fois, avec les ustensiles ordinaires de la cuisine, excepté le chaudron, par les seuls membres de la famille, et dans le cercle de vingt-quatre heures au plus.

Nous pensons que si, pendant que la vendange est ouverte, chaque maîtresse de maison mettait à profit le raisin qui se gaspille, malgré elle, dans cet intervalle, celui de sa treille qui rapporte toujours abondamment, enfin le chasselas, lequel, livré à la cuve, ne donne qu'un vin plat et de peu de durée, elle se ménagerait par ce moyen la ressource des sirops et conserves pour la consommation de l'année.

Il serait à propos que, la veille de la vendange, une personne ou deux précédassent les vendangeurs, pour cueillir les raisins les plus mûrs avec les précautions que nous avons indiquées, c'est-à-dire, de ne point les écraser, de les porter avec ménagement à la maison, de les étendre sur la paille ou sur des claies, afin de ne les travailler qu'après quelques jours.

Pour préparer le moût, on presse les raisins légèrement, jusqu'à ce qu'on en ait suffisamment pour la quantité de sirop qu'on veut faire. Le grand point, c'est d'employer le plus de fruit possible pour obtenir le moins de moût, par la raison que cette moindre quantité est plus riche en matière sucrante, donne plus et de meilleur sirop, à moins de frais.

Une précaution essentielle que nous ne saurions assez lui recommander, c'est de ne préparer le moût qu'à mesure des besoins, et de le tenir au frais, à cause de son extrême propension à fermenter.

On prend la quantité de moût que la bassine peut contenir, vingt-quatre livres environ; on le place sur le feu; et quand il approche du degré de l'ébullition, on en sépare exactement toute l'écume, et on le retire du feu pour y ajouter de la craie délayée préalablement , ainsi que nous l'avons indiqué, jusqu'à ce qu'il n'y ait plus d'effervescence.

Le moût ainsi écumé et saturé, mis à déposer un instant, est replacé sur le feu ; on y ajoute trois blancs d'œufs cassés à part et battus ensemble avec un peu d'eau ; on filtre la liqueur bouillante à travers une étoffe de laine mouillée, fixée sur un châssis carré de bois de douze à quinze pouces ; on fait bouillir de nouveau, et l'on continue l'évaporation.

Pour s'assurer que le sirop est cuit , on en laisse tomber avec une cuiller sur une assiette : si la goutte tombe sans jaillir et sans s'étendre, ou si, en la séparant en deux, les parties ne se rapprochent que lentement, alors on juge qu'il a la consistance requise; mais une ménagère n'aura pas opéré deux fois , qu'elle saisira le degré de cuisson nécessaire, mieux qu'on ne pourrait lui indiquer le point où il convient qu'elle s'arrête.

On verse le sirop chaud dans un vaisseau de terre non vernissé , plus haut que large ; et afin qu'il refroidisse promptement, on le porte dans le lieu le plus frais de la maison; on le laisse pendant quinze jours environ former un dépôt, et on le soutire pour le distribuer dans des bouteilles de médiocre capacité, propres, sèches et bien bouchées.

En

En général, on peut dire que, moins on fait de sirop, plus il a de qualité, par la raison qu'il reste moins de temps exposé au feu, et qu'il refroidit plus promptement. Peu de temps après sa préparation, il se prend en masse ; mais on peut l'employer dans cet état, ou lui rendre sa fluidité et sa transparence au moyen de la chaleur du bain-marie.

Les petits ménages qui ne sont pas dans l'habitude de prendre du café, consomment environ par année trois à quatre livres de sucre, encore n'est-ce que dans le cas de maladie : six livres de sirop doux de raisins suffiraient pour le remplacer, et, moyennant quelques soins minutieux, ils parviendraient, jusqu'au retour de la vendange, à le garantir de la fermentation, en le tenant à la cave, en faisant en sorte qu'une fois une bouteille entamée, elle ne reste pas long-temps en vidange, et que le goulot soit renversé chaque fois qu'on s'en est servi.

On peut encore remplir le cou vide des bouteilles qu'on se propose de consommer les dernières, d'un peu de sucre en poudre ; ce moyen, qui réussit pour tous les sirops muqueux, le préservera encore de la fermentation.

Si les vingt-quatre livres de moût employées par la ménagère ne produisent pas un cinquième au moins de sirop, et que cette quantité soit encore

I

insuffisante pour son approvisionnement, il faut qu'elle procède à une nouvelle cuite dès le lendemain, si la chose est possible, afin que les deux sirops préparés séparément puissent être mêlés à la même date, décantés en même temps et distribués dans les bouteilles qui doivent les conserver dans un lieu frais jusqu'au retour de la vendange.

PROCÉDÉ DU PHARMACIEN. Ayant à sa disposition un laboratoire meublé de fourneaux économiques et d'ustensiles commodes ; de plus, des occasions fréquentes de placer dans le commerce médicinal des sirops doux et des sirops acides de raisins, des sirops médicamenteux, de les faire servir d'excipient à des électuaires et à des conserves, le pharmacien doit être plus exercé que tout autre dans ce genre de manipulation ; il peut en tirer le parti le plus avantageux.

Les moyens les plus simples et les plus économiques pour parvenir à avoir le plus de produit et le moins de déchet, sont sous sa main. Si, à l'époque des vendanges, sa position le lui permet, il fera bien d'effeuiller la vigne du raisin sur lequel il se propose d'opérer, de tordre la tige des grappes, et de les laisser au cep quinze à vingt jours, de les cueillir ensuite par un temps sec, et après que le soleil en a dissipé toute l'humidité. Ces grappes, disposées lit par lit dans de grands paniers transportés avec précaution au laboratoire, ne perdent pas une goutte de jus.

Il doit suivre pour la préparation du moût le même procédé que la ménagère, c'est-à-dire, n'exprimer chaque jour que la quantité de raisins qu'il pourra évaporer. Cependant s'il n'avait pas la facilité de se procurer assez de fruit, et qu'il fût obligé de recourir à la cuve, il faudrait le prendre avant que le suc eût été exprimé par la force du pressoir ; mais jamais son produit ne sera aussi parfait.

Comme il a besoin, pour ses opérations, de sirop doux de raisins, la saturation complète du moût fixera d'abord son attention, toutefois après en avoir séparé exactement les écumes. C'est la craie ou le marbre en poudre par surabondance qu'il lui convient d'employer ; tout autre désacidifiant pourrait communiquer des propriétés étrangères au sirop, et le faire proscrire pour certains usages. Supposons, par exemple, qu'on ait donné la préférence aux cendres lessivées ou non lessivées : lessivées, contenant du fer, elles en laisseraient toujours dans le sirop, lequel, employé ensuite à édulcorer le thé, donnerait nécessairement à cette boisson une couleur d'encre ; non lessivées, la potasse caustique, le carbonate de potasse qui s'y trouvent encore, pourraient faire caraméliser la matière sucrée , décomposer l'extractif, puisqu'elles donnent à la liqueur un caractère alcalin. On ne saurait donc être trop en garde dans l'emploi des désacidifians, et empêcher qu'ils ne réagissent sur le principe de la saveur, de la couleur et du parfum du raisin : on doit user de la même circonspection pour la clarification, et faire en sorte que par leur nature ils soient incapables d'exercer une action sur les parties constituantes ; car le pharmacien ne peut se dispenser de donner de la transparence aux sirops qu'il se propose de débiter en nature ou d'associer avec un principe médicamenteux ; il n'y a que ceux qui sont destinés à servir d'excipient aux électuaires et aux conserves qui n'en ont pas besoin.

Le pharmacien doit diviser son travail de manière à n'opérer que sur de petites masses de moût à-la-fois ; à évaporer , cuire et refroidir promptement ; à réunir tous les sirops de son approvisionnement dans le même vase plus haut que large , afin qu'ils déposent et s'éclaircissent ensemble ; à ne les décanter qu'au bout de quinze jours ; à les distribuer enfin dans des bouteilles d'une médiocre capacité et placées au frais dans toutes les saisons.

La confection des sirops de raisins étant au nombre des préparations du second ordre de la pharmacie , c'est aux hommes qui exercent cette profession utile , à méditer sur les phénomènes que le sirop présente , et à perfectionner le procédé , que nous sommes loin de regarder comme parfait. On verra plus loin l'aperçu de quelques inconvé-niens que nous lui avons reconnus, et auxquels il serait possible de remédier, sinon entièrement, du moins en partie.

Peut-être les pharmaciens trouveront-ils un jour l'art d'éviter ces dépôts, en découvrant un autre moyen de saturer le moût sans donner en même temps occasion à l'existence de matières qui, quoi-qu'innocentes dans l'économie animale, n'en sont pas moins désagréables à la vue.

Nous n'avons pas le même espoir pour conser-ver long-temps aux sirops de raisins leur trans-parence, leur homogénéité et leur fluidité ; ils perdent ces qualités plus ou moins promptement à raison de leur cuisson, et de leur séjour dans un lieu frais. Cette précipitation du sucre, dont les circonstances sont encore inconnues, a lieu dans l'un et l'autre sirops. Ce sucre n'a pas changé de nature ; c'est toujours du sirop avec une moin-dre quantité d'eau, sans cependant être aussi su-crant que le liquide qui surnage. Il n'en est pas moins propre à servir de supplément ; mais cette propriété de se concréter en partie, comme de conserver toujours un petit goût mielleux, est inhérente au sirop de raisins, et tout ce que nous avons tenté pour la détruire a été, jusqu'à présent, inutile. Je soupçonne que cette saveur est due à la matière gommo-extractive du raisin, et que le sirop qu'on retirerait de la mère - goutte sans foulage en serait à-peu-près exempt.

PROCÉDÉ DU MANUFACTURIER. Il ne diffère de ceux de la ménagère et du pharmacien, que sous le rapport des opérations mécaniques qu'exigent les masses considérables sur lesquelles le manufacturier s'exerce, et qui l'obligent d'avoir recours aux instrumens usités dans la vinification.

Il en diffère encore par l'emploi d'un moyen qui tend à prolonger au-delà du terme des vendanges le travail du fabricant, et à lui donner la facilité de préparer ses sirops et conserves dans toutes les saisons de l'année et par-tout où il veut. C'est par le mélange de la vapeur sulfureuse que le moût se sépare d'une grande quantité de matières extractives et mucilagineuses, et qu'il devient clair et limpide comme du vin blanc de Champagne ; elles ont non-seulement l'inconvénient d'accélérer la fermentation, mais encore celui de communiquer au sirop un mauvais goût. En considérant tous les avantages que présente cette opération, on peut la regarder comme indispensable, et sans elle le manufacturier ne pourrait prolonger ses travaux que pendant quelques jours que durent les vendanges.

Le seul procédé connu jusqu'à présent pour muter, et qui a déjà été décrit, est de faire brûler quatre mèches soufrées dans une barrique, d'y introduire du moût jusqu'à moitié, et de brasser pendant un quart d'heure, finir de remplir la barrique d'autre moût, et laisser reposer le vin muté : on le porte à cinquante degrés de chaleur, et on le sature, comme il a été dit, avec de la craie délayée. L'effervescence étant finie, on ôte le feu du fourneau, afin de pouvoir vider la chaudière sans que la liqueur soit altérée par la chaleur.

Cette liqueur saturée doit être mise dans le premier cuvier, où elle repose jusqu'à ce qu'on ait fait trois autres saturations pour remplir les trois cuviers suivans. Les quatre premiers cuviers étant remplis de liqueur saturée, on procède à la clarification comme il suit.

Après avoir séparé toutes les matières calcaires qui se trouvent au fond de la chaudière, on la remplit de la première liqueur saturée ; on y mêle cent blancs d'œufs battus avec un litre d'eau, et on agite le mélange pendant cinq minutes avec un bâton. Par un coup de feu violent, on porte la liqueur presque au degré de l'ébullition. Les

I 4

substances albumineuses montent à la surface ; on les enlève avec une écumoire, et on vide la chaudière dans le cinquième cuvier, avant que la liqueur ait atteint le degré d'ébullition. On procède de la même manière pour les autres saturations, et par ce moyen on peut saturer et clarifier sans interruption.

L'expérience a prouvé que le sirop de raisins ne peut être en contact avec le calorique plus de trois heures environ, sans éprouver une espèce de décomposition qui le colore et lui communique un goût de brûlé insupportable. Or, pour qu'il soit cuit en moins de trois heures, il faut le diviser en petites quantités, et le seul moyen qui puisse convenir à un grand atelier, est de faire construire. un fourneau de quarante pieds de long, trois de large, et deux et demi de haut, ayant trente-six ouvertures propres à recevoir autant de bassines de quatre à cinq pouces de profondeur. Ce fourneau doit être construit de manière à être chauffé au bois. On remplit trente-six bassines de vin clarifié, dont on garnit les ouvertures du fourneau. Par un coup de feu très-violent, on porte la liqueur à une forte ébullition, qui doit durer jusqu'à la fin de la cuite du sirop, ce qu'on reconnaît lorsqu'il marque trente-six degrés au pèse-sel de *Baumé.* Le sirop, en sortant du feu, doit passer à travers un grand serpentin plongé dans l'eau froide, pour être subitement refroidi, et ensuite mis dans des futailles où on le laisse reposer quinze à vingt jours. Au bout de ce temps, on le sépare du dépôt qui s'est formé, et on le met dans de nouvelles futailles, pour l'introduire dans le commerce.

DES FABRIQUES DE SIROPS ET CONSERVES DE RAISINS.

Quelle honorable carrière à parcourir pour celui qui, guidé par la noble émulation et le desir de servir son pays, entreprendrait, dans chaque grand vignoble, une exploitation générale de tous les raisins qui ne produisent, à raison de la surabondance de la matière sucrée, et du peu de tartre qu'ils contiennent proportionnellement, que de mauvais vins d'ordinaire ! il pourrait se flatter d'avoir suffisamment de sirops pour fournir à la consommation des habitans pendant une année. Ce serait une nouvelle branche d'industrie nationale et une richessse de plus que posséderait la France. Tel était le vœu que je formais dans ma lettre insérée au Moniteur du 7 juin 1808, concernant les moyens de suppléer le sucre dans la médecine et l'économie domestique.

A peine ma première instruction a-t-elle paru, que M. *Laroche*, pharmacien, voulant profiter de sa position locale, m'écrivit pour me faire part du projet qu'il avait conçu de monter, à Bergerac, à ses frais, une fabrique de sirops et conserves de raisins. La vendange n'était pas encore ouverte, qu'il m'adressa des échantillons et des détails qui me firent présumer que son projet réussirait. Je m'empressai de lui en faire sentir tous les avantages pour ses propres intérêts et ceux de ses concitoyens. Il a parfaitement secondé mes vues et justifié mes espérances : non-seulement il a le mérite d'avoir établi la première fabrique de ce genre, mais il en a encore perfectionné l'objet. Ceux qui seraient curieux de former une spéculation à cet égard, peuvent se présenter avec confiance chez lui ; son atelier est ouvert à tout le monde. Peu fortuné, M. *Laroche* n'aurait pu seul soutenir une pareille entreprise, si un ami, M. *Rouchon*, ne fût venu lui offrir de s'associer. De concert, ils sont parvenus à confectionner deux mille cinq cents quintaux de sirop, le mieux conditionné qui ait été introduit dans le commerce.

Le plus grand desir de ces fabricans étant que le public apprécie à sa juste valeur le sirop de raisins, et qu'il en fasse usage, ils ont craint, vu la mauvaise qualité des raisins de 1809, de préjudicier à la réputation de ce sirop , à laquelle ils ont tant contribué , et se sont bornés à n'en confectionner que cinq cents quintaux , qu'ils ont facilement débités sur les lieux , quoique inférieur à celui qu'ils avaient préparé en 1808.

En présentant les différens points de la France méridionale sur lesquels il serait avantageux de voir s'élever quelques grandes fabriques de sirop de raisins, j'avais indiqué particulièrement les environs de Montpellier, à cause de la nature des raisins excessivement sucrés que les vignes produisent; mon vœu a été fort bien rempli par M. *Privat* aîné, maire de Mèze, qui a formé dans cette commune du département de l'Hérault, une fabrique de sirops assurément digne d'une distinction particulière. Il a pu, dès cette année, en livrer au commerce jusqu'à deux mille quintaux; son associé en a placé une partie dans l'Helvétie, où ce supplément de sucre a été accueilli; et l'autre, mise dans plusieurs dépôts, s'est enlevée rapidement.

Je ne signalerai point à la reconnaissance publique le grand nombre de ceux qui ont dirigé l'emploi de leurs veilles, de leur industrie et de leurs capitaux, vers une pareille entreprise, lorsque l'incertitude du succès d'une proposition nouvelle ne permettait pas d'autoriser de préparation en grand. Nous avons tout lieu d'espérer que le nombre en sera plus considérable, et que, plus instruits dans ce genre de préparation et plus assurés du bénéfice, ils mettront de nouveau la main à l'œuvre et conduiront plus loin le travail.

Il n'est aucun département où la préparation du sirop de raisins ait été aussi générale que dans celui du Gers : chaque famille, dans la ville d'Auch, a fait sa provision depuis dix jusqu'à quinze et vingt kilogrammes. On peut évaluer à deux mille quintaux la quantité qui s'en est fabriquée, et il est revenu à 50 centimes le kilogramme. Il n'y a pas de doute qu'il ne s'en prépare dans ce département au moins dix fois plus l'année prochaine ; et c'est précisément ce qui est arrivé, quoique les vendanges aient eu lieu par un temps froid et pluvieux. Que sera-ce, lorsque la saison ne contrariera pas la maturité du raisin !

Il serait bien à souhaiter qu'il y eût, au midi de la France, une fabrique de sirop par département, et sur-tout dans le canton le plus voisin de la mer ou des grandes routes, pour faciliter les débouchés de l'importation et de l'exportation. Les Bouches-du-Rhône, le Gard, le Var, le Tarn, l'Hérault, les Pyrénées - orientales, la Haute - Garonne, la Dordogne, &c. nous paraissent tellement favorables au succès des fabriques de ce genre, qu'il est impossible que ceux de leurs habitans qui s'y

livreront, n'en tirent un parti extrêment avantageux,
sur-tout quand les propriétaires de vignes des contrées septentrionales seront bien convaincus, par
leur propre expérience, que le moyen le plus puissant pour élever chaque qualité des mauvais crus
à une qualité supérieure est d'appliquer les sirops
ou conserves de raisins à la cuve en fermentation.

La Corse, entre autres, est la contrée du midi
de la France où des fabriques de sirop prospé-
reraient d'autant mieux, que je suis instruit par
M. *Rassicod*, pharmacien en chef de l'hôpital militaire de Toulon, qui a séjourné long-temps dans
cette île, qu'elle possède une qualité de raisin
blanc qui mûrit plus promptement que la même
espèce à Toulon, et qui est fort riche en matière
sucrée.

Je suis également informé que le sol de l'île
d'Elbe produit des raisins blancs si abondans en
matière sucrée, que, quand on boit pour la première fois les vins qui en résultent, on croirait
qu'on y a ajouté du sucre; les habitans trouveraient donc un grand bénéfice dans la préparation des sirops et conserves, et dans la facilité des
débouchés qu'ils ont pour en faire le commerce.

C'est sur-tout dans le département de la Haute-
Garonne, à Toulouse, par exemple, qui en est le
chef - lieu, qu'une fabrique de sirop de raisins

deviendrait extrêmement utile, à cause de sa population, de sa position géographique, du bas prix de ses vins, et de la grande quantité de raisins très-sucrés qu'on y recueille. La bonne qualité des sirops qu'on y a déjà préparés, laisse entrevoir l'espérance qu'au moyen d'un pareil établissement, on parviendrait à donner une direction très-utile à une des premières productions de son sol.

L'accueil qu'a reçu mon instruction à Montpellier est mémorable : grands et petits, chacun a fait des sirops ; et les ménagères les plus distinguées de cette ville savante se sont disputées à l'envi pour en approvisionner leur maison de la meilleur qualité. Un des plus parfaits que j'aie vus et goûtés, est celui que M. *Anglada*, professeur de physique à la faculté des sciences, a préparé lui-même. Ce jeune homme, l'espérance de la patrie, et que la nature a destiné pour briller dans la carrière de l'enseignement, a apporté, dans cette circonstance comme dans une foule d'autres, un zèle éclairé et une ardeur qui ne peuvent avoir leur source que dans un grand fonds d'esprit public.

Je m'exprimerai de la même manière concernant les expériences du même genre faites à Beziers par MM. *Bernard*, officiers de santé recommandables des armées. Ils ont obtenu les résultats les plus variés et les plus parfaits, en faisant servir le sirop de raisins de base aux marmelades, gelées et confitures, dont l'usage est adopté dans le pays, et qu'on préparait avec le sucre raffiné.

Ce tableau de produits nouveaux offre un grand intérêt, et prouve que ce supplément ne détruit rien de l'arome des fruits. Si MM. *Bernard* ne se proposent pas de former dans leur ville une fabrique de sirops, je suis certain qu'ils ne refuseront pas le secours de leurs lumières et de leur expérience à celui qui voudrait en élever une. J'en ai pour garant leur dévouement à la chose publique, et les sentimens d'attachement bien connus qu'ils portent à leurs concitoyens.

Plusieurs grands dignitaires de l'Empire m'ont communiqué le projet qu'ils ont de former au midi de la France, sur leurs propriétés, des fabriques de sirops et conserves de raisins. Je n'ai pu qu'y applaudir, et les inviter à donner ce grand exemple dans leur voisinage : ils en ont reçu la leçon de l'Empereur, qui, en ordonnant que ce sirop parût sur sa table et sur celle du ministre de l'intérieur, a plus fait en un instant pour le succès et la propagation de cette nouvelle ressource nationale, que tous les efforts de mon zèle et l'influence de mes écrits pendant quatre années.

Beaucoup de cantons vignobles, situés depuis Toulouse jusqu'à Perpignan, et depuis Perpignan jusqu'à Nîmes, sont très-propres à cet usage, parce que l'espèce de raisin *clairette*, dans les bonnes années, est tellement chargée de sucre, qu'elle en donne jusqu'à un tiers de son poids ; qu'elle est par-tout très-commune, et que le combustible y est à très-bon compte, attendu le voisinage des mines de charbon de terre en exploitation.

Nîmes s'est également bien montré pour la confection des sirops, et leur succès à Alby n'est pas non plus équivoque. M. *Limouzin*, ce pharmacien si zélé pour la propagation des découvertes utiles, ne s'est pas borné à faire connaître à ses concitoyens le procédé ; il s'est rendu dans les maisons principales pour l'y exécuter lui-même. Nous pensons donc que le chef-lieu du département du Tarn peut encore devenir le centre d'une fabrique de sirops et de conserves de raisins, pour en approvisionner tout l'arrondissement, d'autant mieux que les frais du combustible seront également réduits à peu de chose.

Nul doute que l'usage du sirop de raisins ne se propage les années prochaines dans les mêmes proportions de celles qui viennent de s'écouler, et que l'économie qui en résultera ne porte l'administration des hôpitaux militaires à solliciter du ministre directeur de l'administration de la guerre qu'il procure aux pharmaciens dans le voisinage des vignobles

vignobles du midi, tous les moyens nécessaires pour le préparer en grand et à peu de frais. Ces dépenses seraient bientôt couvertes par les sommes que n'absorberaient plus les achats de cassonade et de miel, qui, à cause de leur excessive consommation et des abus peut-être qu'on en fait, concourent si directement à élever le prix de la journée des militaires malades à l'hôpital.

Les avantages qu'il y aurait à établir, pour le compte de l'administration des hôpitaux militaires, une fabrique de sirop de raisins dans la commune d'Acqui, où la nature et les circonstances semblent être d'accord pour favoriser un pareil établissement, ont été présentés par M. *Astier*, pharmacien major de l'hôpital militaire à Alexandrie, près Turin, à Son Exc. le Ministre-directeur de l'administration de la guerre; et l'on ne saurait les révoquer en doute,

1.° Parce que le territoire d'Acqui est un excellent vignoble, où l'on trouve abondamment et à moindre prix que dans tout le reste du Piémont, les raisins les plus propres à la fabrication du sucre liquide;

2.° Parce qu'il existe dans cette commune un établissement militaire qui n'est ouvert que pendant le temps des bains, et ne sert à rien tout l'hiver, qui est précisément la saison opportune

K

pour la confection du sirop de raisins d'après le procédé indiqué ;

3.° Enfin, parce que les deux principales opérations peuvent se faire sans frais, vu que la montagne dite *Stregone*, exposée au nord et voisine de l'établissement, donne la plus grande facilité pour opérer la congélation, et que l'eau presque bouillante de la fontaine de la ville donnerait, au moyen des bains - maries convenablement disposés, celle d'amener le sirop à consistance requise, en supposant cependant que cette chaleur modérée ne préjudicie point à la saveur agréable du sirop.

La seconde fabrique dont l'administration des hôpitaux militaires pourrait se ménager la ressource, serait supérieurement placée à Toulouse, soit à cause de l'abondance et de la bonne qualité du raisin, soit relativement au prix du combustible, soit par rapport à l'avantage de ses débouchés ; mais il serait à desirer qu'elle en confiât la direction à M. *Serullas*, pharmacien-major à Moncalier, et que le résultat fût expédié sur la pharmacie centrale de Paris, pour en faire la répartition dans les hôpitaux militaires établis au nord de la France.

Ces deux fabriques spéciales de sirops, formées et entretenues aux frais de l'administration de la guerre, sur deux points de la France méridionale, réuniraient le double avantage d'approvisionner à très-bas prix les hôpitaux militaires d'une denrée de premier besoin, et d'établir une concurrence utile à l'intérêt public, entre les particuliers qui se proposent d'ouvrir incessamment des ateliers de ce genre, sur-tout si le travail dont il s'agit est dans les mains des deux pharmaciens que je me plais à indiquer. Je ne puis même me dispenser de rendre à l'un et à l'autre les témoignages d'estime qu'ils méritent, et de prédire que, s'ils veulent continuer d'arrêter leurs méditations sur cet art nouveau auquel j'ai consacré les derniers instans de ma vie, ils le conduiront loin : déjà ils ont jeté les premiers fondemens de sa prospérité.

Pour abréger cette note indicative, je dois faire observer que les raisins blancs des départemens du Cher, d'Indre-et-Loire, de Maine-et-Loire, pour ne pas être comparables à ceux des contrées méridionales, n'en sont pas moins, dans les meilleurs cantons, assez riches en matière sucrée pour avoir donné, l'année dernière, un cinquième en sirop. On ne saurait en douter, pour les vins doux et de peu de garde qu'ils produisent; si une portion de leur moût réduit était ajoutée à la cuve en fermentation, ils perdraient peut-être, par ce moyen, le goût de terroir qu'on leur reproche.

K 2

Le secrétaire de la société d'agriculture de Vannes , où la fabrication du vin est aussi mauvaise que la culture de la vigne, m'écrit que son canton ne sera jamais cité pour ses fabriques de sirops de raisins ; mais il ajoute que, lors du rétablissement des communications et du commerce, le Morbihan sera, comme département maritime , un de ceux qui en consommeront le plus ; que déjà plusieurs d'entre eux en ont tiré de Bordeaux, et qu'ils en ont été parfaitement contens.

Mais c'est au midi de la France, et dans cette seule partie de l'Empire, que les fabriques de sirops de raisins peuvent devenir avantageuses à ceux qui en formeront. Le commerce importera cette marchandise au nord, et ira nécessairement s'approvisionner dans ces fabriques , puisque c'est là qu'il pourra la trouver de la meilleure qualité et au meilleur compte : cette observation est même applicable aux pharmaciens , qui trouveraient également plus de bénéfice à en tirer la totalité des sirops nécessaires à leurs préparations et à leur commerce, plutôt que de les fabriquer eux-mêmes.

Ceux qui verraient de mauvais œil se multiplier au midi de la France les fabriques de sirop et de conserve, et qui pourraient craindre qu'elles n'occasionnassent un tort notable aux pays vignobles, doivent se rassurer : quel que soit le nombre qu s'en établisse, cela n'empêchera jamais que le vin occupe le second rang dans l'échelle des richesses territoriales de la France. Ce sont de nouveaux produits qui ranimeront la culture de la vigne délaissée sur quelques points de l'Empire, rendront utiles des espèces de raisins qui, par leur excès de viscosité, ne donnent sur les lieux que des produits de qualité inférieure, procureront de la renommée à des cantons qui n'en avaient aucune sous le rapport de leurs vins ; le propriétaire, réduit souvent à regarder comme une véritable calamité la fécondité de ses vignes, pourrait, par ce moyen, augmenter son revenu au moins de vingt pour cent ; en un mot, la France conserverait dans son intérieur des sommes exorbitantes qui passent journellement à l'étranger.

Grâces soient rendues au zèle, aux lumières et à la philosophie des Préfets, Sous-préfets et Maires des départemens qui ont admis les sirops et conserves de raisins au nombre des objets dignes de leur attention particulière, et qui, pour faire participer un plus grand nombre d'individus à la connaissance de ma proposition, ont répandu dans leurs arrondissemens mon instruction avec une sorte de profusion, et sont parvenus à la faire pénétrer dans le réduit de la plus obscure ménagère comme du plus simple vigneron ! Le Préfet

de la Corrèze, entre autres, pour exciter l'émulation de ses administrés, a promis une prime de
150 francs à celui qui en préparerait le plus, et
elle a été accordée à M. *Dumas*, Maire de la commune de Saint-Aulaire. Le jour de l'anniversaire
du couronnement de S. M. I., ce premier magistrat
fit servir à un dîner où il avait réuni les principaux
fonctionnaires du chef - lieu, plusieurs compotes
de différens fruits, qui furent toutes préparées avec
du sirop de sa fabrication. On les trouva très-
bonnes, et on ne fut pas peu surpris lorsqu'il annonça qu'elles étaient apprêtées sans sucre. Il en
a fait aussi préparer de la gelée de pommes transparente et d'un bon goût. Quant au prix, il a
trouvé que ce sirop lui revenait à 80 centimes le
kilogramme.

Qu'il me soit permis de faire ici une application du rapport que j'ai présenté au Ministre de
l'intérieur au nom du comité central de bienfaisance, sur les soupes de légumes dites *à la Rum-
ford*, et dans lequel j'ai observé que ce n'est pas
seulement la consommation du pain que l'usage
plus étendu de ce genre d'aliment diminuerait ;
qu'il épargnerait considérablement de combustible ;
et que s'il était possible de n'avoir qu'un four pour
cuire le pain de tous les habitans d'une commune
et pour préparer la soupe, on économiserait bien

du temps et des frais de main-d'œuvre, en même temps qu'on obtiendrait une nourriture plus parfaite et au plus bas prix.

Ces motifs, et beaucoup d'autres que je pourrais accumuler ici, m'ont déterminé à convaincre les ménagères qu'il était de leur intérêt, au lieu de préparer le pain à la maison, de l'acheter chez le boulanger, parce que celui-ci le fabriquera toujours mieux et à moins de frais que le particulier le plus économe et le plus adroit.

Nous croyons également que, dans les cantons vignobles, les habitans qui seraient obligés d'acheter à un certain prix le raisin de leur consommation, et qui se trouveraient dans le voisinage d'une fabrique, auraient beaucoup plus de profit à venir s'y approvisionner, vu que le sirop serait meilleur et leur coûterait moins que celui qu'ils prépareraient à la maison, en même temps qu'ils éviteraient l'embarras et la sollicitude qu'exige la garde des provisions de ménage.

Honneur aux savans qui, ne dédaignant pas de descendre à la considération de nos premiers besoins, cherchent à perfectionner par leurs travaux, à propager par leurs écrits les moyens de diminuer la consommation du sucre, d'épargner à la plus grande partie de la nation des privations plus ou moins pénibles, d'arriver peut-être jusqu'à nous passer complétement de cette denrée, et de nous soustraire ainsi à une dépendance très-onéreuse ! L'académie de Marseille en a fait le sujet d'un prix qu'elle a décerné à M. *Laurens*, dans sa séance publique de 1809. C'était en effet à cette compagnie qu'il appartenait plus particulièrement d'avoir une opinion et de donner l'impulsion à l'activité générale.

La société d'agriculture du département de la Seine n'a pas voulu non plus demeurer étrangère à la préparation des sirops et conserves de raisins ; non-seulement ses membres ont souscrit pour une certaine quantité de sirops pris à Bergerac et à Mèze, mais elle l'a encouragée de tous ses moyens, en décernant, dans sa séance publique de 1809, une médaille d'or à celui qui le premier avait formé en France un pareil établissement.

Les services que MM. *Laroche* et *Rouchon* ont rendus à la préparation des sirops de raisins, les difficultés qu'ils ont eues à surmonter, les sacrifices qu'ils ont faits, sont immenses. Ils étaient éloignés de présager tout le travail qu'exigeait une pareille entreprise ; ils n'ont marché long-temps que d'obstacle en obstacle, et c'est à force de courage et de patience qu'ils ont atteint le but desiré. Si le Gouvernement doit des encouragemens aux fabriques de ce genre, celle de Bergerac a acquis des droits incontestables pour en réclamer, d'autant mieux qu'elle peut, dans tous les temps, devenir le centre des renseignemens dont on aura besoin pour l'exécution du procédé en grand.

J'invite donc les propriétaires à poursuivre sans interruption leurs recherches, et à continuer de perfectionner ce nouveau produit de la vigne, si propre à suppléer celui de la canne. On sait que la persévérance en morale comme en physique est toujours couronnée par quelques succès. Nous offrirons bientôt le résumé des propriétés qui caractérisent essentiellement les sirops et conserves de raisins.

DES RAISINS SECS.

Outre la faculté de conserver les raisins avec les agrémens de la nouveauté, on a encore celle de leur faire éprouver un degré de concentration tel, que non-seulement ils peuvent franchir l'intervalle d'une vendange à l'autre, mais acquérir encore une pesanteur spécifique considérable à raison de leur peu de volume, et de la facilité de leur transport dans les régions lointaines, sans subir d'avaries. Ainsi préparés, ils portent le nom de *raisins secs* ou *de caisse*.

Il nous paraît, à n'en pouvoir douter, que dans cette opération, toute simple qu'elle est, la propriété sucrante des raisins a augmenté. Les fruits secs qui nous viennent de la Grèce, offrent à leur surface, des points blancs qu'on a pris pour des cristallisations saccarines comparables au sucre ordinaire. Soupçonnant déjà leur nature, j'ai desiré qu'elle fût déterminée par l'expérience; et M. *Barruel*, préparateur en chef du cours de chimie à l'école de Médecine de Paris, a bien voulu me seconder. Il les a extraits de leur enveloppe au moyen de la pointe d'un canif, pour les examiner plus à l'aise. Ce sont de petites masses pâteuses s'écrasant sous les doigts, et analogues à la manne. Nous regrettons que les cristaux qui composent ces masses, ne présentent pas autant de solidité que ceux de la canne, et ne nous laissent pas entrevoir l'espérance d'en obtenir du sucre cristallisable : les cassonades des différentes contrées ne présentent pas toutes, il est vrai, le même grain.

Il y a des années tellement abondantes, que les propriétaires de vignes du midi font quelquefois litière des raisins, faute de savoir qu'en faire ; lorsqu'ils pourraient profiter de leur position et préparer si facilement des sirops, et sur-tout des raisins secs, dont la conservation, l'importation et l'exportation exigent si peu d'embarras et de frais.

Les anciens non-seulement connaissaient très-bien l'art de dessécher les raisins au soleil, mais ils n'ignoraient pas non plus les services que l'économie domestique pouvait en retirer : car ce n'est pas seulement pour les desserts d'hiver que ce fruit est recherché ; il devient encore utile à la vinification, à l'acétification, aux liquoristes et aux confiseurs.

Il en existe trois espèces dans le commerce, qui se débitent sous des noms et à des prix différens. On me saura peut-être quelque gré d'offrir ici le procédé dont on se sert parmi nous à Roquevaire et dans la Calabre pour opérer cette dessiccation.

PRÉPARATION DES RAISINS SECS À ROQUE-VAIRE. Ils y sont singulièrement propres : indépendamment du choix des plants ou provins, l'exposition des vignes contribue à leur donner cette qualité ; elles sont généralement placées sur des coteaux qui regardent le midi. Outre cela, le village et son territoire sont environnés de rochers qui les défendent des vents froids, et qui, répercutant les rayons du soleil, accélèrent la maturité des raisins et favorisent le développement du principe sucré, qui manque presque entièrement aux raisins nés dans les pays froids et humides.

On ne fait sécher à Roquevaire que des raisins blancs. L'espèce la plus propre à cet usage est celle que l'on nomme *pause*. C'est un raisin dont les grains sont très-gros, charnus, peu chargés de pepins, et clairsemés sur la grappe. Après la *pause* viennent le *verdal*, l'*araignan* et le *gros sicilien blanc*. On sèche aussi la *pause muscade*, qui conserve un parfum très-agréable ; mais la quantité en est si petite, qu'elle se consomme en entier dans le ménage des propriétaires, et n'est point connue dans le commerce.

On fait à Roquevaire du vin de très-bonne qualité avec les raisins dont la vigne croît dans les fonds ; celui qu'on tirerait de la *pause* serait très-médiocre : le *verdal* et l'*araignan* le donnent meilleur ; encore ont-ils besoin d'être mélangés avec des raisins plus sucrés, tels que celui que l'on appelle *uni*, ou les raisins noirs.

La parfaite maturité étant la condition la plus essentielle de la préparation des raisins secs, on a soin, dès que la saison arrive, de procurer aux raisins le plus grand degré de chaleur possible, en élaguant les pampres qui les entourent, et en enlevant toutes les feuilles qui pourraient intercepter les rayons du soleil. On se procure ainsi le double avantage de rendre la maturité parfaite et de l'accélérer ; ce qui est très-important, à raison du temps que l'on a besoin de se ménager pour les opérations subséquentes.

Première opération. Lorsque les raisins sont au degré de maturité convenable , on les cueille ; on examine soigneusement les grappes, pour en ôter les grains qui menacent de se gâter. On prépare une lessive de cendres communes, dont la force soit de douze à quinze degrés ; on la met en ébullition , et en cet état on y plonge l'une après l'autre les grappes, que l'on y tient jusqu'à ce que les grains commencent à se rider, ce qui a lieu en peu d'instans, à moins que la lessive ne soit trop légère.

Deuxième opération. Pour égoutter les raisins, la méthode la plus facile et la plus convenable serait de les placer sur un égouttoir en planches que l'on mettrait dans une position inclinée, et sous lequel on placerait un récipient pour recevoir la lessive. Un procédé aussi simple n'a pu encore s'établir ; la méthode que l'on suit généralement, est de placer les grappes sur de grands plats de terre renversés dans d'autres plats plus grands. La lessive coule sur la partie convexe du plat supérieur, et descend dans le plat inférieur, que l'on a soin de vider de temps en temps.

Troisième opération. Quand les raisins sont bien égouttés, on les étend sur des claies ou roseaux qui ont environ cinq pieds de long sur deux de large. On les expose au soleil depuis le matin jusqu'au soir ; la nuit on les met à couvert sous des hangars. Dix jours de beau temps suffisent pour les sécher au degré nécessaire à leur conservation ; il faut beaucoup plus de temps quand il y a des pluies. Il est arrivé quelquefois que la constance et l'abondance de ces pluies d'automne ont fait perdre par la pourriture la majeure partie de la récolte : heureusement la sécheresse du climat de la Provence rend ces événemens très-rares.

Les raisins secs de Calabre diffèrent de ceux de Provence, en ce qu'ils sont plus doux ; mais ils sont moins soignés : les grappes sont souvent brisées, mélangées de raisins d'espèce plus petite, arrangées malproprement. Ils sont sujets à jeter beaucoup plutôt le sucre à la surface et à fermenter dans l'arrière-saison. Ils sont généralement noirâtres ; et, quoique plus doux que ceux de Roquevaire, ils satisfont moins le goût. Ceux-ci ont une saveur acidule et une sorte de parfum qui les rendent plus agréables : étant bien soignés et bien placés, ils peuvent se conserver dix mois de plus. La différence de prix est d'environ moitié en sus, c'est-à-dire que les raisins de Calabre se vendent de 15 à 16 livres ; ceux de Roquevaire valent de 22 à 24 livres.

Les raisins secs d'Espagne tiennent de la douceur de ceux de Calabre et du goût appétissant de

ceux de Provence. Ils sont aussi sujets à être mélangés de petits grains qui sont ordinairement très-
secs. On les prépare avec beaucoup de négligence,
et ils arrivent assez mal conditionnés dans des
cabas, espèces de sacs de joncs nattés.

Les raisins de Damas sont d'une qualité excellente : il en vient avec les grappes et sans grappes ;
ils ont une belle couleur dorée, un très-bon goût
et presque point de pepins. On les apporte du
Levant dans des bustes ou boîtes d'un espèce de
hêtre, dont le poids est de dix, quinze, jusqu'à
environ cent livres (poids de table). Ces raisins se
conservent deux saisons ; le prix en est beaucoup
plus élevé que celui des nôtres ; il est quelquefois
double, quand la récolte a été abondante d'un
côté et mauvaise de l'autre. Il vient du même pays
une espèce particulière de raisins secs dont le grain
est petit et sans pepins ; la couleur en est également dorée, mais le goût en est encore plus exquis.
Ceux-ci sont rares ; ils ne viennent qu'en petite
quantité et presque toujours pour cadeaux.

Les raisins connus sous le nom de *Corinthe*
viennent non-seulement de l'île grecque de Zanthe,
mais encore de celle de Lipari, située entre Naples
et la Sicile. Ceux de Lipari sont en barils de deux
cents livres environ ; ils sont égrappés et en petits
grains rouges tirant sur le noir, extrêmement

foules. Le goût en est acidule ; ils sont préparés malproprement, et souvent mêlés de terre et de saletés. Ils ne servent que pour la pâtisserie et la médecine ; ils ne peuvent pas passer deux saisons. Ceux de Zanthe, quoique d'une espèce semblable, sont infiniment supérieurs. Ils sont égrappés, le grain en est encore plus petit ; et avec plus de douceur que ceux de Lipari, ils ont encore un parfum très-flatteur qui tient du muscat et de la violette, et peuvent se conserver deux et même trois ans, quand les barriques qui les renferment sont bien jointives et bien conditionnées. Ces barriques sont ordinairement très-grosses, et pèsent jusqu'à deux mille livres poids de marc. Le prix ordinaire est double de celui des raisins de Lipari ; il est en ce moment-ci triple du prix de ceux de Roquevaire. L'emploi n'en est pas le même, et il ne s'en consomme guère que pour la cuisine.

PRÉPARATION DES RAISINS SECS DANS LA CALABRE. Ils sont une branche de commerce importante dans la Calabre ultérieure : en temps de paix, les demandes en étaient considérables pour le nord et l'Allemagne, la France et l'Italie ; on les embarquait au Piso pour Trieste, Livourne, Gênes, Marseille, d'où ils étaient transportés par terre et par mer à leur destination.

On nomme *zibibbo* dans le pays le raisin dont

on se sert pour la dessiccation : il ressemble au gros muscat ; il est très-gros ; la forme de son grain est ovale ; son grand diamètre, dans sa longueur, est d'environ un pouce ; le petit, dans sa largeur, est des deux tiers du premier. Sa peau est dure ; il contient beaucoup de parties sucrées ; il est presque tout blanc ; le rouge est d'une qualité bien inférieure.

On récolte les raisins dans leur parfaite maturité, qui a lieu ordinairement du 15 au 30 septembre ; on les monde avec soin des grains gâtés ou qui ne sont pas mûrs ; on les attache par le petit bout de la grappe avec des ficelles, et l'on en fait des liasses du poids de douze à quinze livres, poids de France. On les suspend sur des cannes de jonc préparées à cet effet, et qui sont soutenues par des bois fourchus plantés en terre, de manière que le raisin soit à quatre pieds du sol.

Ensuite, on prépare un mélange composé d'une partie de chaux vive et de quatre parties de cendres de bois bien tamisées ; on met ce mélange dans un vase de terre cuite, sémi-parabolique, à fond plane, sur le côté duquel, et inférieurement, est placé un robinet pour l'écoulement. La chaux et les cendres étant bien mélangées, on en remplit le vase à moitié, et l'on verse par-dessus de l'eau jusqu'à ce qu'il en soit plein.

L

Après avoir agité ce mélange pendant quelques minutes, on le laisse en repos jusqu'à ce que la liqueur soit claire ; on la filtre ensuite en ouvrant le robinet ; elle coule dans un vase placé au-dessous. La liqueur, ainsi préparée et filtrée, se met dans une chaudière , et au premier bouillon on plonge dedans les liasses de raisins les unes après les autres, en ne les laissant dans la liqueur bouillante que le temps nécessaire pour faire posément un signe de croix, ce qui peut être un intervalle de deux à trois secondes. Pour cela , la femme la plus âgée de la maison se tient près de la chaudière, et sert de pendule aux ouvriers, en faisant chaque fois le signe mystérieux auquel on est persuadé que l'on doit le succès de l'opération. On observe que la liqueur soit toujours bouillante ; et à mesure qu'elle diminue, on en ajoute de nouvelle que l'on a toujours prête.

On suspend derechef les raisins sur des tiges de roseau, pour les faire sécher en plein air au soleil, ayant l'attention de les tourner et retourner souvent. Quinze jours de beau temps suffisent pour leur entière dessiccation. On a soin , pendant ce temps, de ne pas laisser mouiller les raisins par la pluie ou par les rosées , qui les gâteraient infailliblement.

Lorsque la saison est pluvieuse et que les rosées

sont fortes, les Calabrois retirent leurs raisins dans des espèces de loges ou hangars construits à cet effet, et dans lesquels sont plantés des bois fourchus à distance et hauteur égales, prêts à recevoir les tiges chargées de raisins. Ces loges portent, dans le pays, un nom particulier.

Le raisin desséché de cette manière donne le produit d'un tiers : trois cents livres de raisins verts fournissent cent livres de raisins secs.

On dessèche aussi de la même manière des raisins muscats, gros et petits ; mais ils sont de beaucoup inférieurs en qualité à ceux préparés avec le zibibbo.

Les habitans des îles de Lipari, en suivant le même procédé qu'en Calabre, dessèchent aussi beaucoup de raisins d'une qualité supérieure : ces insulaires ont sur-tout l'avantage de les préparer avec des raisins rouges et blancs ; les uns et les autres sont excellens.

Sirop doux de raisins secs. On prend une quantité déterminée de raisins secs, de bonne qualité, vingt-cinq livres, par exemple ; on les égrappe et on les met macérer pendant trois ou quatre heures dans quarante pintes d'eau tiède plutôt que dans l'état bouillant, pour éviter la coloration du moût, et qu'il se charge moins de la matière extractive de la peau, des rafles et des pepins. Les raisins se gonflent considérablement; alors on les écrase entre les mains, puis on exprime le jus à travers une toile serrée; on lave le marc avec une nouvelle quantité d'eau (environ douze pintes); on exprime de nouveau, et l'on réunit les deux liqueurs.

On met le mélange dans une bassine que l'on place sur le feu; et lorsque la liqueur est chaude, on la sature avec un excès de craie. On retire la bassine de dessus le feu, et l'on passe la liqueur à travers un drap de laine; on la remet ensuite dans la bassine, on y ajoute quelques blancs d'œufs, et l'on procède à l'évaporation du sirop, en ayant soin d'écumer. Lorsque le sirop est arrivé au degré de cuisson convenable, on le repasse de nouveau à travers un blanchet, et on le porte dans un endroit frais. Au bout de quelques jours, il se rassemble au fond du sirop un dépôt floconneux, que l'on en sépare en le passant de nouveau à travers un blanchet. On le met en bouteille et on le conserve pour l'usage.

Sɪʀᴏᴘꜱ ᴀᴄɪᴅᴇꜱ ᴅᴇ ʀᴀɪꜱɪɴꜱ ꜱᴇᴄꜱ. On égrappe avec soin vingt-cinq livres de raisins secs et de bonne qualité, et on les met macérer dans quarante pintes d'eau pendant environ quatre heures. Au bout de ce temps, et lorsque les raisins sont suffisamment gonflés, on les écrase entre les

mains , et on exprime fortement le jus à travers
une toile serrée. On traite de nouveau le marc
par une nouvelle quantité d'eau ; on en exprime
le jus, et l'on réunit les liqueurs que l'on évapore
dans une bassine à un feu vif. Lorsque la liqueur est rapprochée à moitié, on fouette, dans
deux pintes d'eau , quelques blancs d'œufs , on
ajoute cette liqueur par portions dans le sirop , et
on enlève l'écume à fur et à mesure qu'elle vient
nager à la surface.

On continue l'évaporation jusqu'à ce que le
sirop soit porté au degré de cuisson convenable ;
alors on le passe à travers un blanchet, et on le
laisse refroidir dans un lieu frais et tranquille.
Au bout de quelques jours, il se rassemble au fond
du sirop un dépôt floconneux, et il s'attache aux
parois du vase une matière cristalline acide , que
l'on sépare en passant de nouveau à travers un
blanchet. On le met en bouteille pour l'usage.

Ces sirops doux et acides , assurément très-
agréables, n'ont cependant pas l'avantage de ceux
qui sont tirés des raisins frais ; mais quand j'ai proposé, il y a plusieurs années, à M. *Henry*, chef de
la pharmacie centrale, d'en essayer la préparation,
j'avais déjà pour objet de diminuer les dépenses de
cette partie du service des hospices. Pourquoi ne
préparerait-on pas des sirops avec des raisins secs !

L 3

ils ont bien été employés comme ressource, dans un temps de cherté, à faire des vins de différentes qualités, sans le concours d'aucun autre agent, en les mettant macérer dans des tonneaux défoncés pendant deux à trois jours, avec de l'eau bouillante; et après avoir exprimé la liqueur, il ne s'agit plus que d'y appliquer le procédé de la fermentation.

Notre collègue *Olivier*, dans son Voyage de l'Orient, nous apprend que les Persans font sécher beaucoup de raisins à la récolte, et qu'ils en transportent aux Indes, où l'on en retire de fort bonne eau-de-vie. On dit qu'à Breslau on fait du vinaigre avec les raisins secs, et qu'il est bien supérieur à tous ceux qui ne sont pas le produit du vin.

Les raisins secs sont, pendant l'hiver, en Europe, un objet de dessert assez recherché. On peut, à leur faveur, sucrer et même aromatiser les compotes de cerises, de pruneaux, de poires et de pommes ; en préparer des sirops, quand la saison de les consommer en entier serait passée, et qu'on se trouverait au dépourvu de conserve de raisins, pour renouveler sa provision jusqu'aux vendanges.

Nous ne proposons pas le mode de préparation de conserve de raisins secs ; car si l'on était dans l'usage de les employer, et que leur commerce fût plus répandu, ces fruits pourraient être regardés comme des conserves sèches, propres non-seulement à faire des sirops extemporanés, mais encore à être appliqués en entier à la cuve.

Cette branche d'industrie dont le commerce a lieu dans toute l'Europe, aurait besoin d'une nouvelle impulsion pour devenir une des plus précieuses ressources de plusieurs de nos départemens méridionaux, où la dessiccation des raisins est facilement praticable ; en lui donnant plus d'extension, on en diminuera, par la concurrence, d'autant le prix.

CARACTÈRES SPÉCIFIQUES DES SIROPS DE RAISINS.

Les expériences faites jusqu'à présent dans les départemens de l'ouest et du midi, tendent toutes à démontrer que, pour avoir peu de couleur et une saveur agréable, les sirops doivent être préparés dans l'espace de quatre heures, au moyen de chaudières à large ouverture et peu profondes.

Il suffit d'avoir fréquenté une sucrerie, pour être convaincu de la vérité de cette seule observation : elle est parfaitement d'accord avec l'opinion des raffineurs, qui regardent l'évaporation lente comme très-préjudiciable au grain de sucre de cannes ; et le procédé que le sucrier emploie à faire le sucre candi, en est une nouvelle preuve. Plus il a opéré promptement, moins le sucre est coloré.

Mais il serait impossible de faire subir une pareille opération aux sirops de raisins, et même à celui du sucre ordinaire, s'ils étaient en trop grande masse : il n'existe guère dans la matière emp'oyée pour le candi que du sucre pur, à tres - peu de chose près. Dans le sirop de raisins, au contraire, il y a une matière très-composée, sur laquelle l'action du calorique est bien connue, mais non déterminée ; et il est prouvé que ce sirop ne pourra soutenir l'action instantanée du calorique à quatre-vingt-quinze et cent degrés de *Réaumur,* que le sucre candi fondu éprouve impunément.

Dans le nombre des propriétés qui caractérisent le sirop de raisins, je n'en ai examiné que deux qui paraissent lui être inhérentes : la premiere est la faculté qu'il a de perdre son homogénéité, sa fluidité et sa trasparence dans le mois qui suit sa préparation, à-peu-près comme le miel, quelque temps après sa sortie des alvéoles, et qu'il se trouve placé dans un lieu frais ; la seconde, c'est sa parfaite analogie avec le miel.

CONCRÉTION DU SIROP. C'est un de ces phénomènes qui, jusqu'à présent, paraissent incompréhensibles. Il n'est guère plus facile d'expliquer pourquoi ce sirop, provenant d'une barrique et mis en bouteille, se concrète en partie huit jours après; tandis que le même sirop, versé le même jour dans d'autres bouteilles de forme et de capacité semblables, également bien bouchées, conserve sa transparence un certain temps : enfin, on a remarqué que cette concrétion ne dépendait ni de l'action de l'air, ni de la lumière; qu'elle était d'autant plus prompte à se manifester que le sirop avait moins de cuisson et se trouvait en plus petit volume.

Pour m'assurer si la présence du tartre dans le sirop de raisins ne deviendrait pas un obstacle à cette concrétion, ou plutôt à cette précipitation du sucre de ce fruit, j'ai exposé dans un lieu frais du sirop acide également bien cuit; mais il n'a pas tardé à se troubler, à l'instar du sirop de raisins doux, et à présenter comme lui deux états bien distincts, l'un liquide très-sucré, l'autre demi-solide moins sucré.

Le sirop, dans cet état moins solide, reprend, par la chaleur du bain-marie, sa fluidité, et par le repos sa transparence; mais, porté dans un lieu tempéré, il se prend en masse de nouveau, et semble vouloir conserver cet état jusqu'à ce que la fermentation vienne à le changer.

La manière capricieuse de cristalliser du sirop de raisins, a été bien saisie par M. *Proust*; il a

judicieusement remarqué qu'une fois cette cristallisation commencée, elle se continue assez rapidement et devient plus aisée à un degré moindre de
densité qu'à un plus fort.

Si les tentatives que j'ai faites pour savoir s'il
était possible d'empêcher le sirop de raisins de se
concréter au bout d'un certain temps, ont été su-
perflues, elles servent à me confirmer que cette
propriété, mal à propos nommée *congélation*, puisqu'elle n'est pas due à l'effet du froid, ainsi qu'on
va le voir, est inhérente au sirop.

J'ai exposé pendant trois jours les sirops doux
et acides de raisins à six degrés de froid, concurremment avec d'autres sirops préparés au miel et à
la cassonade, ayant la même consistance : aucun
n'a perdu sa transparence; leur viscosité a seulement augmenté : mais lorsque le thermomètre est
monté à deux degrés de chaleur, que le dégel a
été complet, les sirops de raisins seulement ont
commencé à se troubler, et, placés dans un salon
où il règne assez constamment dix à douze degrés,
ils ont fini par se prendre en une masse grenue,
qu'ils conservent depuis deux mois dans la même
atmosphère.

A une température chaude, la cristallisation du
sirop n'a jamais lieu. M. *Charles Derosne* a laissé
des sirops de raisins pendant des mois entiers à

l'étuve, sans qu'ils aient jamais cristallisé. Il observe que le sucre qu'on en retire est bien plus soluble à chaud, comparativement à celui de cannes ; ce qui s'explique par l'eau de cristallisation qu'il retient en plus grande quantité, et qui empêche d'obtenir ce sucre bien sec, autrement que par l'alcool : encore a-t-il quelque chose de pâteux, ce qui l'assimile au sucre retiré du miel et aux sirops préparés avec les fruits rouges acides.

La différence du sucre de raisins d'avec celui de cannes n'existe pas seulement dans la forme de ses cristaux ; elle se montre dans ses propriétés d'une manière remarquable. Bornons-nous à deux seuls exemples. Quand la cuisson des sirops ordinaires est portée au-delà du terme prescrit par l'art, une portion du sucre qui les constitue se cristallise au fond des bouteilles, la liqueur qui surnage semble avoir repris sa fluidité : la même chose n'arrive point au sirop de raisins. Il garde sa consistance, même après avoir laissé déposer la moitié de son sucre ; ce qui paraît prouver que cette circonstance est due autant à la quantité d'eau qui entre dans la composition, qu'au peu d'adhérence qu'il a avec le sucre.

En ne donnant que trente degrés de l'aréomètre au sirop de raisins, au lieu de trente - trois qui forment sa pesanteur spécifique, j'ai pensé que n'étant pas saturé de sucre, il n'en laisserait point précipiter; mais le contraire est arrivé : le dépôt est à la vérité en moindre quantité, mais il a lieu plus vîte, ce qui l'éloigne encore de la propriété des sirops préparés au sucre de cannes.

Si la présence du tartre dans le raisin ne devient point un obstacle à ce que le sirop abandonne le sucre qui le constitue, il paraît hors de doute que c'est cet acide qui l'empêche de se présenter avec le même caractère que celui de cannes. La texture de ce dernier est tellement changée dans les sirops acides de fruits, auxquels il sert de base, qu'il paraît impossible de le retirer comme il y est entré, ou au moins dans les mêmes proportions; il cristallise en masses compactes, et, à peu de chose près, la totalité du sucre est transformée en une matière infiniment plus analogue au sucre de raisins.

Nous voyons le maïs, la betterave et d'autres productions végétales, fournir un sucre dont le grain est à-peu-près comparable à celui de la canne; nous voyons le sirop de violettes et d'œillets qui en sont surchargés, se cristalliser au fond des bouteilles, se rapprocher sans rien admettre dans ses cristaux de la partie colorante et extractive de ces fleurs, parce qu'il n'y a aucun agent dans ces plantes ni dans ces sirops qui influe sur la nature du sucre : mais lorsqu'on observe le sirop de groseille, le sirop de limon évaporés, se convertir en un *magma*, on est disposé à croire que le sucre qui a servi de base à ces sirops a été altéré en totalité par l'acide de ces fruits.

L'observation suivante vient encore à l'appui de cette vérité. M. *Poutet* s'est aperçu bien souvent que l'acide carbonique, produit spontanément par la fermentation dans le sirop de sucre de cannes, occasionnait le même phénomène : ce chimiste possède encore dans sa cave deux bouteilles de sirop d'ipécacuanha et antiscorbutique, qui, après leur fermentation, ont laissé déposer un sucre analogue, pour la configuration, à celui de raisins.

Il est naturel de conclure de ces observations et de quelques autres du même genre, disséminées dans plusieurs endroits de ce traité, que nos connaissances sont encore peu avancées sur le véritable état où le sucre de cannes se trouve dans les différentes parties de la fructification des plantes d'où on le retire. On doit beaucoup au travail de M. *Proust ;* il y a tout lieu d'espérer qu'il le continuera ; c'est en effet à celui qui a ouvert la carrière, à examiner les changemens que la végétation fait subir au sucre, lorsqu'elle lui associe d'autres productions qui ont plus ou moins d'action sur sa texture organique ; par exemple, nul doute pour nous que ce ne soit la présence du tartre dans le raisin, avant et après sa maturité, qui empêche le sucre de ce fruit d'en sortir avec les propriétés de celui qui caractérise le sucre d'Amérique, puisque les acides, soit végétaux, soit minéraux, rapprochent cette denrée coloniale du sucre de raisins.

Mais cette réaction des acides sur le sucre ne paraît pas avoir été reconnue par cet habile chimiste ; car il dit dans son Mémoire, *page 94,* que le candi qui se forme dans les confitures de groseilles et de cerises, appartient également à ces fruits, et non au sucre de cannes ; que ces concrétions, dissoutes dans l'alcool, reprennent toujours la forme grenue qu'on leur trouve dans ces confitures.

Nous sommes réellement fâchés de ne pouvoir partager cette opinion. Ces concrétions nous paraissent provenir, au contraire, du sucre altéré par les fruits rouges, qui le convertissent en masse considérable. M. *Charles Derosne* a observé, et ensuite M. *Boudet* oncle, que le sucre retiré des sirops altérés par les acides, n'avait lui-même aucun caractère d'acidité ; qu'il était dans un état de sucre particulier, incapable d'être transformé en sucre candi, et que, traité par la chaux, il n'avait pu le ramener à l'état du sucre cristallisable : il a même assemblé sur cet article nombre de faits dont il se propose de former la base d'un travail qu'il compte publier incessamment. M. *Bouillon-Lagrange* est aussi parvenu à enlever au sucre d'Amérique son grain sec, dur et cristallisable, et à lui imprimer le caractère humide, mou et pâteux du sucre de raisins, en lui appliquant immédiatement les acides minéraux. Nous ne pouvons manquer d'obtenir de toutes ces recherches, de toutes ces tentatives, de précieux résultats.

En les attendant, ne pourrait-on pas, dans les cantons vignobles du midi particulièrement, faire quelques essais préliminaires, mêler, par exemple, avec du moût saturé ou non, assez de sucre de cannes pour donner au mélange la consistance de sirop ? On examinerait ensuite ce sirop; et l'état où se trouverait l'un et l'autre sucre qu'on en séparerait, fournirait peut-être quelques lumières sur la question dont la solution occupe sérieusement dans ce moment des chimistes distingués.

Quand il s'agira de l'application de la conserve à la cuve en fermentation, nous examinerons les effets du tartre dans cette grande opération de la nature. Arrêtons-nous un moment sur l'analogie du sirop de raisins avec le miel; elle ne nous paraît pas plus facile à expliquer que sa concrétion et sa précipitation.

ANALOGIE DU SIROP AVEC LE MIEL. C'est un

autre phénomène sur lequel on ne s'est pas suffisamment arrêté, et qui cependant n'aurait pas dû échapper à ceux qui se sont occupés d'une manière particulière de la préparation des sirops de raisins : leur analogie avec le miel a bien été entrevue par M. *Proust ;* mais cet habile chimiste n'a pas jugé à propos de faire des expériences pour la constater ni pour en donner une explication plus ou moins plausible.

Cette analogie se manifeste par le goût que le sirop conserve toujours, par l'odeur qu'il répand quand il est en expansion sur le feu ; enfin, par la manière dont il se concrète et s'étend sur le pain quand on veut le faire servir d'aliment.

Cependant il n'en a pas fallu davantage pour jeter de la défaveur sur la fabrique de Bergerac, dans un moment où elle avait tant besoin d'être soutenue et encouragée ; on a été jusqu'à inculper les propriétaires d'avoir sophistiqué leurs sirops avec du miel.

Si, avant de porter un pareil jugement, on eût bien voulu prendre quelques informations, on aurait appris qu'à Bergerac et dans les environs, le miel est infiniment plus cher que le sirop ; que les ruches y sont sévèrement interdites, à cause de la saveur extrêmement sucrée des raisins qui forment la principale richesse du canton, que les abeilles

et

et les guêpes ne manqueront pas de réduire bientôt à rien.

Dans l'intention de ne laisser aucun doute sur cette identité du sirop de raisins avec le miel, j'ai soumis à l'ébullition, dans un poêlon de faïence, un kilogramme de chacun des sirops qui m'avaient été envoyés, comme échantillons, de Marseille, de Turin, de Montpellier, de Beziers, &c. L'atmosphère dans laquelle l'expérience avait lieu, a été bientôt remplie d'une odeur de miel qu'on ne pouvait méconnaître ; le sirop a monté en écume de la même manière : mais une chose digne de remarque, c'est que l'écume est plus sucrée que le liquide qu'elle recouvre, et qu'en la séparant successivement à mesure qu'elle se forme, on parvient à réduire le sirop à ne plus présenter qu'un résidu âcre, amer et caramélisé.

J'ai cru devoir faire la même expérience sur de bon miel blanc résous en liqueur par un peu d'eau, et le résultat a été absolument semblable.

DES EFFETS DE LA MATIÈRE SUCRANTE.

Le raisin est évidemment le fruit qui fournit le plus de matière sucrante à l'homme. Mais quelle que soit cette source naturelle, l'industrie ne doit point perdre de vue qu'il lui est encore possible, non-seulement de disposer la vigne à la produire avec

. M

plus d'abondance, mais encore d'augmenter la qualité sucrante de ce produit végétal, soit en lui communiquant la forme la plus favorable, soit en le dégageant de toute association capable d'en masquer les propriétés ou d'en affaiblir les effets. C'est dans ce sens que l'art naissant d'extraire le sucre du raisin, auquel s'attachent de si flatteuses espérances, doit diriger tous les essais, et ce n'est que lorsque le vigneron, le fabricant et le chimiste auront rempli la tâche qui leur est respectivement assignée dans ce concours d'efforts, qu'on pourra envisager le problème comme résolu.

Je me sers de l'expression de *matière sucrante*, parce que je crois devoir la distinguer de la *matière sucrée* qu'on retrouve dans une infinité de substances, sans qu'elles aient la faculté de la communiquer à d'autres. En sorte qu'on pourrait dire qu'il est des corps qui la donnent, des corps qui la retiennent, et d'autres qui la reçoivent.

Parmi ceux qui la retiennent sans la céder, on doit compter, par exemple, les fruits à pepins et à noyaux. C'est une chose reconnue, que, malgré que le jus qu'on en exprime ait une saveur décidément sucrée, il ne contient de cette matière qu'autant qu'il en faut pour son propre assaisonnement, et qu'il n'est nullement capable de sucrer l'eau et les autres corps à la manière des sirops de cannes et de raisins, à moins d'en employer de très-grandes quantités ; d'où l'on doit envisager comme très-peu fondées, les prétentions de quiconque voudrait persuader d'extraire de ces fruits le sucre destiné à suppléer celui de canne.

Nous sommes fâchés de ne point partager à cet égard l'opinion de M. *Delamétherie*, qui, dans son discours préliminaire de janvier 1809, Journal de physique, a consigné au nombre des principales découvertes de l'année précédente, celle du sucre de pommes. On ne saurait considérer le mucoso-sucré et la manne comme sucre analogue à celui de la canne et à celui du raisin : il est vraisemblable que le sucre des poires de M. *Hermstadt*, signalé également dans la nomenclature des connaissances modernes, n'a pas une existence plus réelle. Mais je reviens à la matière sucrante, dont je reconnais trois sources différentes très-propres à satisfaire tous les besoins de la société, d'abord la canne d'Amérique, ensuite la vigne, enfin les abeilles.

La faculté *sucrante* n'est pas également développée dans ces trois sources : réduits à la même forme et essayés dans les mêmes proportions, leurs produits ne décident point sur les papilles nerveuses de la langue une impression également savoureuse. C'est une vérité de fait trop familière pour qu'elle ait jamais pu être contestée, et

M 2

tout en admettant qu'au sirop de raisins du midi appartient un très-grand effet sucrant, j'ai été loin de prétendre que cet effet pouvait aller jusqu'à équivaloir celui du sirop de cassonade, ni qu'on dût s'attendre à épargner, par ce supplément, la même quantité de sucre; mais je crois qu'on a souvent jugé trop désavantageusement dans le monde la faculté sucrante des produits du raisin, et qu'on lui a assigné de trop faibles rapports.

Peut-être n'a-t-on alors essayé que des sirops du nord, peu riches en matière sucrée; peut-être n'a-t-on employé que des sirops du midi imparfaits, dans lesquels un reste de matière extractive pouvait masquer en grande partie l'effet sucrant. En réalisant ces épreuves sur des sirops du midi bien fabriqués, j'ai cru reconnaître qu'ils ont bien plus de force sucrante qu'on ne serait tenté de le préjuger : encore faut-il convenir que le raisin de la dernière récolte n'a pu acquérir dans les contrées méridionales toute la maturité, et par conséquent tout l'effet sucrant qui lui est propre lorsque la saison est propice, et que c'est le juger dans des circonstances qui lui sont désavantageuses. Quoi qu'il en soit, tout en assignant le premier rang au sirop du sucre des colonies, je crois que le second est à bon droit acquis au sirop doux de raisins du midi; celui du miel ne peut occuper que la dernière place dans cette série : en les comparant, il m'a même semblé que le second tenait de plus près au premier que le troisième ne tient au second. Quel rapport peut-on donc assigner à la faculté sucrante du sirop de raisins ? Sous quelle forme le produit sucré de ce fruit décide-t-il le plus d'effet ? Y aurait-il des moyens d'augmenter ce même effet ?

Les officiers de santé en chef des hôpitaux militaires d'Alexandrie et de Moncalier, ont jugé, d'après le résultat des expériences faites par MM. *Astier* et *Sérullas* leurs collègues, pour déterminer la faculté sucrante du sirop de raisins, comparativement au sirop de cassonade et au miel dépuré, cuits à la même consistance, que cette faculté dans le sirop de raisins était moindre d'un sixième que dans le sirop de cassonade, et l'emportait à-peu-près de la même quantité eu égard au miel.

Il s'en faut que cette faculté sucrante du sirop de raisins soit une qualité constante ; il est évident qu'elle doit changer suivant le raisin employé, la saison qui a présidé à sa maturité, le climat d'où il provient, l'âge de la vigne, le degré de cuisson du sirop, et autres conditions, toutes capables de faire varier ces rapports dans de certaines limites. Qu'on ne s'attende donc point à trouver, à cet égard, un terme fixe ; mais aussi qu'on ne perde point de vue que, pour apprendre tout le parti qu'on peut tirer de ce produit, il faut le juger dans les circonstances qui lui sont les plus favorables, c'est-à-dire, lorsqu'il a été obtenu des vignes du midi de l'Empire, des raisins les plus sucrés, par la suite d'une saison telle qu'on a droit de l'attendre dans ces climats, et préparé avec tous les soins que comporte une fabrication très-délicate, qui, pour ainsi dire, n'en est encore qu'aux tâtonnemens, et que tout annonce cependant être très-susceptible de grands progrès, n'eussions-nous à en juger que par ceux très-sensibles qu'elle a faits dans le court espace de deux années.

C'est probablement par une suite de ces différences que quelques personnes ont avancé qu'il fallait le double, et même plus, de sirop de raisins pour dulcifier autant que le sucre ordinaire. Ce résultat nous a paru être trop en opposition avec les épreuves réalisées par les pharmaciens d'Alexandrie et de Moncalier, et ce que nous avions entrevu nous-mêmes par un premier aperçu, pour ne pas chercher à dissiper cette incertitude à l'aide d'essais comparatifs exécutés avec toutes les précautions qui nous ont paru les plus capables de diminuer le vague inhérent à toutes les appréciations fondées sur les sensations; et nous nous sommes, en effet, convaincus que la faculté sucrante du sirop de raisins avait été jugée trop défavorablement, lorsqu'on ne l'avait réputée que la moitié de celle du sucre.

Nous n'avons aperçu aucun moyen d'évaluer avec plus de justesse les rapports de facultés sucrantes de plusieurs substances que nous avions dessein de comparer, que de prendre des quantités égales d'eau et d'y introduire la quantité de chaque matière à essayer, nécessaire pour décider sur l'organe du goût une égalité parfaite de sensation sucrée. On prenait pour type de comparaison la solution du sucre de canne, et le niveau de saveur sucrée n'était arrêté que lorsqu'à la suite de tâtonnemens plus ou moins longs, l'organe appréciateur éprouvait des effets sucrés uniformes, et de la part du sucre de canne, et de la part de chacune des matières essayées. On a cru même devoir s'en rapporter, pour obtenir ce nivellement de saveur sucrée, à la moyenne des sensations éprouvées par plusieurs personnes. Il est évident que des quantités égales d'eau étant ainsi uniformément sucrées par des quantités variables de plusieurs substances, leurs forces sucrantes respectives doivent être en raison inverse des quantités employées. En suivant cette marche, voici les résultats obtenus.

Dix parties de sucre raffiné étant dissoutes dans quarante parties d'eau, il nous a fallu, pour édulcorer au même point la même quantité de liquide, à-peu-près douze parties de moscouade de raisins : celle préparée par M. *Fouque*, sous le nom de cassonade de raisin, a été essayée avec une variété plus blanche, extraite par M. *Anglada* des raisins de Montpellier, et une autre variété qu'une purification convenable avait portée à la blancheur de l'amidon. Toutes trois ont paru ne pas différer sensiblement dans leurs facultés sucrantes, puisque les proportions employées se sont trouvées, à très-peu près, les mêmes. Le sucre cristallisé de raisins qui nous a été remis par M. *Anglada*, et qui diffère des moscouades ordinaires, en ce qu'il a naturellement du grain, une force de cohésion très-prononcée, et que ses masses résultent de la réunion de cristaux à facettes, au lieu de concrétions globulaires, nous a aussi paru l'emporter sur ces moscouades par son effet sucrant, puisqu'il n'en a guère fallu que onze parties ; ce qui l'éloigne peu du sucre ordinaire, dont il se rapproche du reste beaucoup plus qu'aucun autre produit analogue extrait jusqu'à présent du raisin. Les sirops de Moncalier et de Mèze ont dû être employés dans le rapport de quatorze parties, et tous deux à-peu-près à l'uniformité ; tandis qu'il a fallu presque dix-neuf parties de miel dépuré pour produire autant d'effet, indépendamment de la saveur piquante qui accompagne familièrement cette substance. D'où l'on voit qu'en évaluant que la faculté sucrante du sucre concret de raisins diffère en moins de celle du sucre de canne à-peu-près d'un cinquième, et celle des sirops bien faits, d'un peu moins d'un tiers, on s'approche beaucoup de la vérité; ce qui s'accorde assez avec l'évalution donnée par M. *Proust*; et c'est une grande raison pour que le résultat que j'annonce obtienne de la confiance.

En admettant ces données, on doit naturellement conclure que, quoique le sirop de raisins ne sucre pas aussi - bien que le sucre de canne, la différence qui existe entre eux sous ce rapport est si éloignée de celle qui existe entre leurs prix respectifs, même dans les temps ordinaires, qu'il doit y avoir un immense avantage à recourir au sucre de raisins, sur-tout lorsqu'on sera parvenu en grand à le priver de toute saveur étrangère à la saveur sucrée; ce qu'on peut très-légitimement espérer, et ce que nous oserions prédire comme peu éloigné.

Quant à la forme sous laquelle il conviendrait le mieux de répandre le sucre de raisins dans le commerce, il nous semble qu'elle doit être déterminée d'après plusieurs considérations, et qu'il ne faut exclure, ni la forme concrète et solide, ni la forme sirupeuse, chacune d'elles ayant manifestement ses avantages particuliers.

Maintenant, c'est une vérité de fait bien établie,

que la faculté sucrante du sirop de raisins décroît à mesure que le moût demeure sur le feu pour se rapprocher de l'état concret; l'expérience atteste que dans les progrès de la cuisson, l'écume qu'on sépare est manifestement plus douce que le restant du liquide; les observations journalières des pharmaciens et des confiseurs ont prouvé qu'une quantité donnée de sucre acquiert plus de force sucrante lorsqu'on la convertit en sirop. De manière qu'on pourrait établir que la faculté sucrante est moindre que celle du sucre, de toute la proportion du liquide qu'on lui a fait prendre. Enfin ce n'est pas dans la plus grande purification du sucre que se prononce le mieux son effet sucrant; chaque jour on juge les cassonades comme produisant, toutes choses égales d'ailleurs, une saveur plus sucrée que le sucre raffiné : il ne faut donc pas s'étonner que les marins soient dans l'habitude, avant de s'embarquer, de faire leur approvisionnement de cassonade jaune plutôt que de la blanche, pour sucrer leur café et les autres boissons. Cette préférence est bien moins déterminée par le bas prix de la première, qu'à raison de l'intensité de sa saveur sucrée.

En indiquant le sucre de raisins comme la substance la plus éminemment capable de suppléer celui de canne, j'ai eu sur-tout pour objet d'encourager les ménagères et les fabricans à la préparation des sirops. Je sentais que, dans les circonstances difficiles où nous nous trouvions, il fallait entrer tout de suite en jouissance ; que l'art d'amener à l'état solide le sucre de raisins , n'était pas assez avancé pour se prêter promptement à nos besoins ; qu'il fallait lui offrir des occasions et lui laisser le temps de prendre de la consistance ; que notre plus pressant besoin devait être d'épargner des privations et de diminuer tout-à-coup la consommation du sucre des colonies , en le suppléant au moins pour tous les usages auxquels il convient dans son état de liquidité. Au reste, je me repose sur le zèle éclairé des manufacturiers et des pharmaciens chimistes, du soin de tirer de la préparation des sirops , des motifs de s'exercer et des occasions de parvenir à l'extraction du sucre concret sur le sol de la France. Il s'élève des fabriques de ce genre ; celles du sucre liquide en auront été les berceaux, et la satisfaction de leur avoir été utile ne me sera point étrangère.

INCONVÉNIENS DES SIROPS DE RAISINS.

Quels que soient les avantages que présentent les sirops de raisins , je ne dois pas dissimuler qu'ils n'offrent encore des inconvéniens, et qu'ils n'aient besoin d'une plus grande perfection. Passons en revue ces inconvéniens , et tâchons, autant qu'il nous est possible, de mettre sur la voie ceux qui voudraient se livrer à quelques recherches pour y remédier.

1.° Ce sirop contracte, par la cuisson, un goût de cuit ou de caramel.

En vain on a multiplié jusqu'à présent les soins dans toutes les opérations qui précèdent la cuisson du sirop, elle y a toujours développé cette saveur. La seule chose qui paraisse l'avoir affaiblie, c'est le changement opéré dans la forme des vaisseaux évaporatoires. Il serait bon de vérifier si, comme on l'a annoncé, l'eau de chaux, le charbon, sont en état de la faire disparaître.

Mais, convaincu que le sucre de raisins est infiniment plus décomposable par l'action du feu que celui de la canne, qui lui-même l'est déjà au point qu'on trouve une différence bien sensible entre la saveur que donne à l'eau le sucre en pain et celle qu'elle reçoit d'un sirop fait avec le même sucre, nous pensons qu'on ferait mieux d'essayer dans le midi le moyen d'évaporation proposé par M. *Montgolfier*, et d'adopter, dans le nord de la France, celui de concentration par la gelée, recommandé autrefois par *Juncker*, et depuis par M. *Astier,* ou enfin d'employer dans l'un et l'autre pays les bassines à bain de vapeurs, qui, en Silesie, produisent le meilleur effet dans la préparation du sucre de betteraves.

2.° Il s'y forme, après sa fabrication et par le repos, un précipité assez considérable.

A la vérité, le sirop de cassonade de canne, s'il est fait et clarifié à grande eau, se trouble aussi durant l'évaporation, et laisse déposer, lorsqu'il est refroidi, une matière salino-terreuse : mais le précipité qui a lieu dans le sirop de raisins, est bien plus abondant ; c'est une matière floconneuse, un mélange de malate et de tartrite de chaux, dont l'existence est due à la saturation, et qui se manifeste encore davantage lorsqu'on étend le sirop dans l'eau-de-vie pour faire des ratafias, et dans les boissons aqueuses pour les édulcorer. La préférence donnée à la craie ou au marbre comme désacidifians, a déjà diminué la quantité de ce dépôt ; mais on n'a pas encore trouvé le moyen de l'empêcher de se former.

3.° Dépouillé de ce dépôt par décantation, il n'est point exempt de se troubler encore pendant le transport du lieu où il a été fabriqué à celui où il doit être consommé.

On pourrait imaginer que ce nouveau dépôt était dû à la même cause que le premier. M. *Destouches*, l'un des rédacteurs du Bulletin de pharmacie, s'en est assuré en le recueillant à l'aide d'un filtre à travers duquel il a fait passer le sirop délayé dans un poids égal d'eau. La liqueur, évaporée à une douce chaleur, a donné un sirop extrêmement clair, et qui se conserve en cet état. Mais cette manipulation, toute simple et peu embarrassante qu'elle est, donne un déchet et occasionne des frais qui ne font qu'augmenter le prix de ce sirop, que tous les effort doivent tendre à diminuer. Formons des vœux pour que les fabricans découvrent le moyen d'éviter ces dépôts, qui, quoique composés de matieres reconnues innocentes dans l'économie animale, n'en sont pas moins désagréables à la vue.

4.° Ce sirop a la propriété de se concréter quinze ou vingt jours après sa fabrication, de se séparer en deux substances distinctes, l'une solide en masse jaune grenue très-peu sucrée, l'autre liquide et très-sucrée.

Il serait à souhaiter qu'on trouvât le moyen d'opérer exactement cette séparation, d'augmenter la faculté sucrante dans la substance solide, de l'offrir sous une forme raffinée, d'en faire du sucre comparable à celui de la canne, d'enlever à l'autre son goût de miel, sa disposition à se caraméliser, d'en faire enfin un sirop plus généralement utile. Déjà on est parvenu à nous donner le premier sucre sous forme sèche, mais il n'a encore que l'apparence d'un amidon sucré. Déjà on a observé que le sucre liquide, lorsqu'on le filtrait à froid, ne se concrétait plus. M. *Poutet* a aussi remarqué qu'en y mêlant une certaine quantité de sucre de canne, on empêchait cette concrétion : peut-être que la gomme produirait le même effet, si c'est à elle que le sucre, malgré sa concentration dans la pâte de jujubes, doit la transparence qu'il conserve.

5.° Il éprouve par le temps et par la chaleur une altération sensible.

Mais quel est le sirop préparé au sucre de canne ou au miel, qui soit d'une conservation plus durable !

Appliquons-nous à lui donner la consistance qui lui convient, à bien étudier le degré de température nécessaire à l'évaporation du moût, le point où il faut l'arrêter, et le lieu qu'il faut choisir pour l'y conserver dans le meilleur état. M. *Vidaillan*, secrétaire de la société d'agriculture du département du Gers, m'informe que du sirop de raisins, renfermé dans une bouteille, s'était parfaitement conservé pendant six mois, à un petit dépôt près.

6.° On lui reproche de ne pouvoir pas s'associer avec le thé et le café, de masquer leur arome, ainsi que celui des fraises et des framboises, en y substituant la saveur qui lui appartient.

Mais ce défaut existera toujours, quelle que soit la perfection que le sirop atteigne ; et c'est précisément ce qui constitue sa supériorité sur le sucre

de canne, dans les compotes, dans certains ratafias auxquels il communique son goût de fruit.

7.° La qualité des sirops de raisins courra nécessairement la chance des vendanges.

Nul doute que dans les années où le fruit ne
parvient pas à une maturité complète, le résultat
ne soit médiocre : mais n'en peut-on pas dire autant
de la canne d'Amérique, quand cette plante ne
parcourt pas comme il convient le cercle de sa végétation ! La cassonade qu'on en retire est pâteuse,
et le grain du sucre mou et sans solidité ; elle a
moins de valeur dans le commerce.

8.° Les uns l'accusent de coaguler le lait à l'aide
d'un acide qui s'y serait développé depuis la saturation du moût et pendant les progrès de l'évaporation ; les autres nient qu'il ait cette faculté.

Nous pensons que les uns et les autres pourraient
avoir raison. Et en effet, si on met bouillir ensemble
le sirop avec le lait, celui-ci se caille ; mais la même
chose n'arrive point, lorsqu'on ajoute le sirop au lait
retiré du feu : il s'y confond sans masquer sa saveur
et son agrément, sans opérer de coagulation. Le
sucre de canne, la gomme, l'amidon, traités de la
même manière, présentent le même phénomène :
pour peu qu'on en force la dose, il ne faut que
quelques minutes d'ébullition pour la formation
d'un caillé qui prend une consistance assez ferme.

On

On fait au sirop de raisins beaucoup d'autres inculpations qui n'ont pas plus de fondement que la dernière. La plupart prennent leur source dans l'imagination ou l'intérêt personnel, et sont bientôt détruites, lorsqu'on les soumet au tribunal de l'expérience et de la raison.

N'est-il pas souverainement injuste, par exemple, d'imputer au sirop de raisins la maladresse, la négligence et la cupidité de ceux qui le vendent, et de le qualifier de *détestable drogue*, lorsque, pour le goûter et prononcer sur sa qualité, on attend qu'il ait un an de fabrication, qu'il soit décuit, aigre, trouble et détérioré autant qu'il pouvait l'être dans une atmosphère peu propre à sa conservation ! Je déclare que les sirops de nos fruits, épaissis avec le sucre de canne le mieux raffiné, placés dans les mêmes circonstances, ne braveraient point un aussi long intervalle.

Si ces frondeurs, au lieu de crier, Cela ne vaut rien, c'est du sucre qu'il nous faut, daignaient prendre la peine de rectifier les procédés employés jusqu'à présent, de nous en donner de nouveaux et de plus propres à perfectionner les deux espèces de sucre existantes dans le raisin, ils rendraient un bien plus grand service. L'objet est assez digne de leurs recherches. Ils auraient d'abord à remédier à tous les inconvéniens reprochés au sucre liquide, et que nous allons détailler; ils auraient ensuite à convertir en véritable sucre, cette masse grenue, poreuse, que le sirop de raisins laisse précipiter peu de temps après sa préparation, et qui nous paraissait peu susceptible de subir les opérations du raffinage, parce qu'elle ne présentait, au lieu de cristaux, qu'un amas confus de petits globules à-peu près secs à l'extérieur, remplis dans l'intérieur du sirop dans lequel ils se sont formés, et parce que ce sucre se fondait à une douce chaleur, au lieu de se dessécher comme fait le sucre de canne. Quand ils ne parviendraient à retirer du raisin qu'une matière sèche et sucrée, capable de suppléer le sucre, dans tous les cas où le sirop est insuffisant et même préjudiciable à la saveur exquise de nos fruits, on leur aurait encore beaucoup d'obligations.

Quel serait en effet le malheur d'être privé de sucre royal, de sucre candi, lorsque, dans tous les temps, on aurait sous la main une cassonade plus ou moins blanche, plus ou moins sucrante et propre à s'associer avec tous nos mets de luxe et de fantaisie! Voilà ce qui doit être en France, et même en Europe, l'objet de tous les vœux et de toutes les espérances. M. *Proust* a commencé ce beau travail; MM. *Fougue* et *Bournissac* le continuent; l'impulsion donnée par les sirops et conserves de raisins l'achevera.

PRIX DES SIROPS DE RAISINS.

Les objets dont je me suis constamment occupé, ont trop de valeur par eux-mêmes pour que j'aie jamais eu besoin d'employer aucune exagération en leur faveur : c'est un délit, dans les sciences, que de grossir les produits, comme de diminuer l'embarras, les soins et les frais pour les obtenir, parce que souvent on induit en erreur ceux qui, de bonne foi, ne cherchent que la vérité. Quand cette exagération a sa source dans des motifs d'utilité publique, comme d'exciter l'enthousiasme, nous croyons alors qu'elle est excusable.

Il sera toujours difficile, pour ne pas dire impossible, d'établir d'une manière positive le produit du raisin en moût et celui du moût en sirop, puisque le climat, la saison, l'espèce de raisin, la quantité qu'on en emploie, et la manière d'opérer, influent sur ce produit, et que le prix auquel il revient dépend non - seulement de ces causes, mais encore de la rareté du combustible, de la quantité qu'on en a consommée, des degrés de concentration qu'on a donnés au sirop, quand ils ne sont pas déterminés par un pèse-liqueur, enfin des frais de main-d'œuvre.

Tous les essais dont les résultats ont été constatés par les procès-verbaux les plus authentiques, ont prouvé que le moût produisait, au midi de la France, un tiers et un quart de son poids en sirop bien conditionné, et qu'il revenait depuis 40 jusqu'à 60 centimes le kilogramme; mais qu'au nord le produit était la moitié moindre, coûtait à-peu-près le double, et n'avait pas autant de qualité. Suivant les calculs de M. *Laurens*, le sirop revient, à Marseille, de 25 à 30 francs le quintal, et seulement à 20 francs dans un village distant de quatre lieues de cette ville. Ils ont prouvé que, dans les mauvaises années, le sirop, quoique de qualité inférieure, sera toujours plus cher que dans les bonnes, parce qu'alors le raisin coûte davantage, donne un moût plus aqueux que sucré, et exige plus de combustible pour l'amener à l'état de sirop. On ne peut donc que donner de simples aperçus.

Voici les tableaux de deux essais, l'un fait au midi, à l'hôpital militaire de Toulon, par M. *Lebaube*, jeune pharmacien animé du plus grand zèle, et l'autre au nord, par M. *Henry*, à la pharmacie centrale des hospices de Paris. Ces essais se rapprochent les uns des autres, et ne diffèrent que par quelques nuances qui proviennent du climat, de l'espèce de raisin employée, du combustible et de la manipulation.

TABLEAU des Produits en sirop de raisins obtenus en 1807 à la Pharmacie de l'hôpital militaire de Toulon.

SUBSTANCES EMPLOYÉES.				PRODUITS.		
DÉNOMINATIONS.	QUANTITÉS.	PRIX DES ACHATS.	MONTANT.	QUANTITÉS.	PRIX auquel revient le kilogramme.	TOTAL.
	kil. gr.	fr. c.	fr. c.			
Raisins frais..	1428. 00.	0. 07.	99. 96.			
Craie........	6. 00.	0. 20.	1. 20.	kilog. gr.	fr. c.	fr. c.
Œufs.......	48 œufs.	0. 07½.	3. 60.	260. 00.	0. 48½.	126. 10.
Charbon. ...	250. 00.	les cent kil. 8. 45.	21. 13.			

N 3

TABLEAU des Produits en sirop de raisins obtenus en 1807 à la Pharmacie centrale
des hôpitaux civils de Paris.

SUBSTANCES EMPLOYÉES.				PRODUITS.		
DÉNOMINATIONS.	QUANTITÉS.	PRIX DES ACHATS.	MONTANT.	QUANTITÉS.	PRIX auquel revient le kilogramme.	TOTAL.
	kil. gr.	fr. c.	fr. c.	kil. gr.	fr. c.	fr. c.
Raisin frais, dit *meslier*..	1100. 0.	0. 08.	88. 00.	170. 00.	0. 62.	105. 40.
Craie.......	7. 0.	0. 20.	1. 40.			
Bois........	◼	16. 00.	16. 00.			

Dans tous les cantons où les raisins ont un certain prix, comme à Zara en Dalmatie, parce que leurs habitans retirent de la vendange un vin précieux dont ils se défont avantageusement, le sirop revient à 2 francs 49 centimes le kilogramme; à Spalato, 1 franc 94 centimes, et à Macarsco, 2 francs 20 centimes : il n'est pas douteux que ce ne soit pas là qu'il faille en préparer pour le commerce; ce ne serait pas non plus dans les endroits où le combustible manque absolument, et empêche le propriétaire de vignes de chercher dans la fabrication du sirop, un dédommagement aux dépenses de culture et de récolte, dédommagement qu'il ne trouve pas toujours dans la vente de ses vins. Nous l'espérons, ce dernier inconvénient disparaîtra incessamment; la disette du combustible cessera bientôt; les canaux qui s'ouvrent vont faire circuler le charbon de terre qu'on exploite dans beaucoup de nos départemens.

Comme les conserves représentent toujours le double de sirop, et qu'il faudra les tenir plus longtemps sur le feu, leur prix différera un peu; mais n'exigeant pas autant de main-d'œuvre, ce prix ne devra pas beaucoup s'éloigner de celui des sirops. C'est le bon marché qui doit le plus contribuer au succès des sirops et conserves de raisins, toutefois quand ils réuniront les conditions

N 4

les plus essentielles pour suppléer le sucre des colonies dans l'économie domestique.

Je crois même, pour l'intérêt de ceux qui appliquent leurs fonds à des établissemens de ce genre, qu'il convient de ne pas faire supporter, dès la première année , tous les frais qu'ils ont faits et le bénéfice légitime qu'ils ont droit de réclamer. Sans doute il est juste que la chose paie la chose ; mais il est aussi à desirer que le manufacturier ne soit pas insensible au plaisir d'être utile aux habitans de son canton et aux bénédictions de ceux qu'il soulage par le travail.

En se livrant à toutes les spéculations permises dans le commerce, le négociant ferait rentrer dans le néant une ressource , au grand détriment du canton qu'elle pourrait enrichir , et des consommateurs dont elle devrait satisfaire les besoins. Il faut, sur-tout, qu'il ne perde jamais de vue que le sirop de raisins du midi , sucrant à-peu-près un tiers de moins que celui du sucre de cannes , le prix doit en être fixé même au-dessous de cette proportion ; on doit d'ailleurs espérer que de meilleures vendanges , et les perfectionnemens dans le procédé, opéreront une grande diminution.

Mais il faut aussi le dire aux consommateurs , quand bien même le bénéfice de se servir , dans beaucoup de circonstances , du sirop de raisins du midi, au lieu de sirop de sucre des colonies, ne serait pas aussi marqué par le prix de 80 centimes le kilogramme qu'il se vend aujourd'hui, n'est-il pas extrêmement avantageux de trouver dans la masse des productions indigènes une matière dont nos habitudes ont fait un objet de premier besoin, de nous affranchir du tribut onéreux que nous payons pour le sucre au Nouveau-Monde et au commerce de nos ennemis.

Cette seule considération devrait arrêter tous ces calculs froids et minutieux, d'après lesquels on hésite pour savoir de quel côté il y aura économie pour le ménage, d'employer le sirop de raisins du midi, ou celui du sucre des colonies. Je pense que quand il y aurait parité dans les prix, dans les qualités et dans les effets, ce serait au sirop de raisins que tout Français animé d'esprit public devrait accorder la préférence.

Indépendamment des frais d'achat des sirops pris à la fabrique, il y en aura encore d'autres qu'on ne pourra éviter au loin; ce sont ceux de transport, mais qu'il serait possible de réduire à moitié, en ne faisant venir, au lieu de sirops, que des conserves qu'on traiterait comme la cassonade, et dont on préparerait à son gré tel ou tel sirop, selon les besoins. Je ne garantis cependant pas que cette préparation serait aussi bien condition-

née ; il est facile de présumer que le petit propriétaire de vigne qui n'aura ni raisins ni combustible
à acheter, qui s'occupera de cet objet au sein de
sa famille, qui n'oubliera aucun des soins les plus
minutieux que demande ce genre de préparation,
l'obtiendra à un prix beaucoup moindre. Quelle
que soit donc la qualité du sucre qu'on retirera
du raisin, quelle que soit la baisse que puisse
éprouver le prix du sucre des colonies, la révolution, pour cette classe de consommateurs, est faite
au midi de la France : les sirops s'y maintiendront
comme les *raisins secs*, *le raisiné*, *les vins cuits* ;
c'est *le sucre indigène*, *le sucre du ménage*. On dira
long-temps le sirop de Bergerac, le sirop de
Mèze, comme on dit depuis des siècles, le miel
de Narbonne, la gelée de pommes de Rouen,
l'angélique de Niort, les mirabelles de Metz, &c.

SECONDE PARTIE.

*Application des Sirops et Conserves de Raisins
à la cuve en fermentation.*

L'ART de concentrer le moût à l'aide du calorique, et de l'ajouter, ainsi concentré, à la cuve
en fermentation, a été pratiqué de temps immémorial. Les anciens n'avaient pas seulement en
vue de se procurer, par ce moyen, un sucre capable de servir de condiment à leurs fruits et à leurs
liqueurs ; ils se proposaient encore d'améliorer la
qualité des vins, d'adoucir la verdeur et l'âpreté des
uns, et de donner aux autres un degré de force et
de bonté que la plupart ne sauraient acquérir sans
cette addition. *Virgile*, dans le IV.ᵉ livre de ses
Géorgiques, recommande beaucoup l'emploi de ce
moyen, qui s'est conservé dans quelques cantons
vignobles. De temps en temps des propriétaires
curieux de soigner leurs vins, y ont recours, et
publient les heureux résultats de leurs essais.

Mais de tous les historiens, le plus fidèle, Pline,
assure que les Romains poussaient l'évaporation du
moût jusqu'à la moitié, aux deux tiers, quelquefois

même aux trois quarts de son volume, toujours, il est vrai, avec l'intention d'obtenir des vins tellement riches en spirituosité, qu'il était impossible de les boire, même après la quatrième année. Peut-être que la matière sucrée s'y trouvant en trop grande proportion, elle n'aurait pu être décomposée dans ce cercle de temps, ce qui leur imprimait tout le caractère d'un vin de liqueur, ou plutôt d'un ratafia.

C'est ainsi que le secrétaire de la société d'agriculture du département de Loir-et-Cher, après avoir réduit le moût du raisin *meslier* à la moitié de son volume, en a obtenu un vin si généreux, qu'il n'y a personne qui ne le prenne pour un vin du midi. C'est encore ainsi que M. *de la Bretennière* en ajoutant à sa cuve, quand il y a excès de tartre, du moût évaporé jusqu'à la consistance d'un sirop, dans la proportion d'environ un seizième de la masse totale, se procure un vin de qualité supérieure. Enfin *Rozier* conseillait de n'envoyer à l'étranger que des vins faits avec de bon moût rapproché par évaporation. Dans ces vins, l'alcool qui s'y est formé et le sucre qu'ils contiennent en excès après la fermentation, contribuent à leur durée.

La bonté de cette pratique a été confirmée par MM. *Cadet de Vaux* et *Chevalier;* personne n'a plus que ces deux œnologues cherché à la faire connaître dans les environs de Paris par d'instructives leçons. Combien ils auraient opéré de miracles, si la conserve douce de raisins du midi eût été dans le commerce et substituée au propre moût concentré de la cuve. Nous les invitons à prendre cet objet en grande considération dans leurs comices vinicoles ; ils auront la gloire d'opérer une révolution dans cette partie de nos ressources nationales.

Il importe cependant que les vignerons à portée de mettre en usage ce procédé, sachent que la chaleur appliquée au moût n'en diminue pas seulement l'eau surabondante et en augmente la consistance, mais qu'elle change encore sa manière d'être. En effet, les parties constituantes qui s'y trouvaient isolées, sont réunies et confondues par l'action du feu. Cette matière *végéto-animale*, qui, suivant les expériences de MM. *Fabroni* et *Thenard*, constitue le principe fermentescible, doit être altérée dans sa composition, et rendre, par conséquent, ses effets moins énergiques. Il convient donc de revenir de cette opinion si généralement accréditée, savoir, que le moût bouilli, introduit dans la cuve, exerce les fonctions d'un levain qui détermine une fermentation plus prompte et plus efficace : sans doute on a voulu dire le moût dans l'état bouillant ; car si alors il produit réellement ce double avantage , c'est à la chaleur qui lui a été communiquée avant de l'employer qu'on en est principalement redevable , et ensuite à l'augmentation de la matière fermentescible.

La vendange , en effet , exige quelquefois une chaleur artificielle , pour parcourir , dans le même espace de temps , quelle que soit la saison , les périodes de la fermentation : suivant l'observation du sénateur comte *Chaptal* , il est nécessaire d'élever la température de toute la masse à douze ou quinze degrés , et de l'y maintenir au moyen de couvertures , de poêles et de réchauds.

Dans les cantons où le raisin parvient difficilement à une maturité complète , il faut bien multiplier les soins pour obtenir un résultat , sinon aussi parfait , du moins pourvu de toutes les qualités qu'il peut avoir : or , quand la nature a été avare de matière sucrée , l'art doit la procurer aux raisins qui en manquent , mais toujours dans les proportions relatives à l'espèce de vin qu'on a intention de faire.

Différens moyens ont été mis en usage pour suppléer cette matière sucrée : le premier consiste à l'emprunter au raisin lui-même , en concentrant plus ou moins le moût et le désacidifiant partiellement ; le second , à la remplacer à la cuve par le sucre de canne ou le miel ; le troisième, à y employer la conserve de raisins du midi, comme la plus riche en ce genre. Mais pour exécuter avec la plus exacte précision quelques procédés nécessaires dans les mauvaises années, dans les petits vignobles, ou pour des raisins peu propres à la vinification, il faut suivre des règles fixes et une marche assurée, sans quoi le succès est toujours incertain. On doit d'abord, comme je l'ai dit en 1804, dans l'article *Vin* du nouveau Dictionnaire d'histoire naturelle, analyser, dans chaque vignoble, le moût d'un raisin produit par la meilleure vigne, et par la saison la plus convenable ; puis, connaissant parfaitement les proportions dans lesquelles s'y trouvent ou doivent s'y trouver l'eau, le sucre, l'acide et la fécule qui en sont les matériaux immédiats les plus essentiels, il faut examiner, tous les ans, le moût qu'on se dispose à soumettre à la fermentation, afin de voir ceux des matériaux de ce moût qui y sont en plus ou en moins, et ce qu'il est nécessaire de lui ajouter ou de lui retrancher pour les y établir dans les mêmes proportions remarquées dans le meilleur moût. Cet examen méthodique fait, rien de plus facile que de composer le moût sur le modèle qu'on se propose d'imiter, en évaporant et saturant celui qui est trop aqueux ou trop acide, en corrigeant le moût trop sucré, par le tartre, et celui où ce sel est en surabondance, par la matière sucrée.

Une observation qu'il convient de ne pas perdre de vue, c'est que la même quantité d'humidité enlevée à des moûts différens, ne saurait les mettre au même point de consistance ; de là la nécessité de recourir à l'aréomètre, pour juger du degré d'évaporation de chacun d'eux, lorsqu'il s'agit d'ajouter à la cuve un autre moût ou plus coloré, ou plus sucré, ou plus concentré.

Mais les connaissances, fort bornées à cette époque, n'ont pas permis pendant long-temps à nos premiers parens de faire tourner au profit de la vinification l'efficacité de ces moyens : ils n'avaient pas assez étudié les lois fondamentales de la fermentation ; ils ignoraient la composition du moût ; ils ne songeaient guère à allier celui du midi au moût du nord, et à transporter ainsi à de grandes distances tous les élémens du plus excellent vin, sous une forme presque sèche ; en ne se servant toujours que de leur propre raisin, ils n'ajoutaient jamais à la cuve qu'une même qualité de moût ; et lorsque la vendange se trouvait défectueuse, loin d'en corriger les imperfections, ils ne faisaient que les accroître.

C'est d'abord pour remédier à une méthode aussi vicieuse, que j'ai proposé de désacidifier mécaniquement

mécaniquement la portion du moût destinée à être employée ici comme auxiliaire, c'est-à-dire, d'en séparer, par l'évaporation et la décantation, une partie du tartre qu'il contient, et de doubler, sans embarras comme sans dépenses, l'effet qu'on avait en vue de produire.

Toujours occupés d'augmenter la puissance du sucre et d'affaiblir celle des acides, frappés de l'insuffisance du moût concentré ajouté à la cuve, et même de ses inconvéniens dans certaines années, ils eurent recours à la voie des absorbans : de là cette pratique de saupoudrer le raisin au pressoir par une poignée de plâtre, ou plutôt de carbonate calcaire, puisque le premier n'a d'action désacidifiante que parce qu'il en contient. Mais on a mal interprété leurs vues : c'était la surabondance des acides, et peut-être du fluide aqueux, qu'ils avaient intention de diminuer, afin de les mettre en harmonie avec les autres principes du raisin, donner lieu à une bonne fermentation, et prévenir l'acétification spontanée des vins. Aucune tradition ne prouve que jamais ils aient pensé à saturer entièrement le moût; car alors ce fluide, n'ayant plus que les élémens propres aux sirops de raisins, contracterait le même défaut que celui des raisins trop sucrés, qui donnent toujours des vins douceâtres, de mauvais vins d'ordinaire.

O

Cependant cette pratique de saupoudrer de plâtre les raisins au pressoir, ou d'en ajouter au moût avant qu'il fermente, a eu et a encore de la vogue; elle s'est perpétuée parmi les Espagnols : faut-il s'étonner que leurs vins soient plus doux et moins alcooliques que ceux de France, puisque, par la manière de les fabriquer, ils conservent beaucoup de sucre, et qu'ils leur enlèvent, avant la fermentation, presque tout le tartre.

Si l'usage de désacidifier le moût à la cuve sans un examen préalable de la nature de ce fluide, sans avoir déterminé la quantité et le choix des absorbans à employer, entraîne nécessairement dans des abus, le danger est bien plus imminent encore, quand, pour les mêmes motifs et dans les mêmes vues, on propose d'opérer de la même manière sur les vins qu'on entonne, sous le prétexte qu'ils ont, au sortir de la cuve, une pointe d'acide déjà formée qu'il faut neutraliser, puisque c'est déjà les traiter comme s'ils étaient malades, comme s'ils menaçaient ruine.

Ne sait-on pas qu'il est au-dessus du pouvoir de l'art de faire rétrograder la fermentation ! N'est-il pas également prouvé que ces matières terreuses alcalines qu'on prescrit de jeter dans le tonneau, ont, par-dessus tout, le très-grand inconvénient de former des combinaisons salines extrêmement solubles dans la masse du fluide, d'y rester comme un corps étranger, d'enlever aux vins la faculté de s'améliorer à la cave et de profiter de tous les avantages que procure la fermentation secondaire!

Vraisemblablement il en est des maladies des vins comme de la plupart de celles qui affectent l'homme et les animaux domestiques; dès qu'elles existent, il n'y a plus de remède : c'est dans les préservatifs qu'il faut chercher les vrais secours pour les en garantir jusqu'au moment d'en faire usage. Ne serait-ce pas une mesure plus sage, dans ce cas, de prendre la peine de remonter aux vendanges! on trouverait peut-être la cause de la disposition qu'ont certains vins à telle ou telle dégénérescence : par exemple, si les raisins qui ne sont propres qu'à donner des vins médiocres, ont cuvé trop long-temps, il n'y a rien d'étonnant qu'ils ne s'acidifient d'autant plus promptement qu'il règne une plus vive chaleur; c'est alors que le vigneron intelligent doit placer sa cuve et ses tonneaux dans l'endroit le plus tempéré de son local, et appeler à son secours les conserves de raisins, qui, comme nous le dirons plus bas, mettraient constamment les petits vins sur la voie de se perfectionner sous tous les rapports.

Hâtons-nous d'en avertir les propriétaires; tous

ces guérisseurs de vins malades ou dégénérés, qui ont la prétention de les rétablir dans leur premier état au moyen de la craie, de la potasse, du marbre, des coquilles d'œufs, &c., ne font absolument que les acheminer vers leur dépérissement; les promesses qu'ils ont faites à cet égard ne se sont jamais réalisées. Un vin ainsi raccommodé est un vin frelaté; il est plus près de sa décomposition totale qu'avant d'avoir été travaillé; il ne laisse en un mot aucune espérance pour le commerce.

La concentration du moût et son addition à la cuve dans les petits vignobles ne suppléant souvent que très-imparfaitement la matière sucrée, on a cru avoir fait une découverte en puisant cette matière à une autre source que la vigne; mais persuadé alors que cette matière était une dans la nature, que celle contenue dans le raisin ne différait absolument pas du sucre de la canne d'Amérique, on crut que le meilleur moyen de réparer les torts de la vendange consistait à ajouter de ce dernier au moût dans la cuve. *Juncker* avait dit, il y a long-temps, qu'on pouvait améliorer les petits vins en faisant fermenter leurs moûts avec des matières douces par elles-mêmes, telles que le sucre de canne. *Préfontaine,* qui écrivait en faveur des denrées coloniales, saisit cette occasion d'étendre les ressources du commerce des Antilles, pour proposer le même moyen. Cette proposition fut renouvelée par *Macquer* en 1779. Bientôt tous les chimistes l'adoptèrent : j'ai moi-même été partisan de cette méthode ; mais en y réfléchissant, je crois qu'il convient d'en restreindre l'usage aux vignobles du nord, où souvent le raisin est dans l'état de verjus, et où le moût, plus muqueux que sucré, ne donne que des produits défectueux.

Pour arriver plus sûrement au but qu'on voulait atteindre, il aurait fallu cependant examiner à fond si le moyen proposé, reconnu très-efficace pour bonifier les vins des petits vignobles qu'on est pressé de consommer sous cette forme, était également applicable, non-seulement pour ceux des vins que le climat, l'exposition, la qualité et l'espèce de raisins, le caractère des saisons, dispensent presque toujours de ce secours, mais encore pour les vins destinés, dès le travail de la cuve, aux brûleries et aux vinaigreries : or, c'est précisément ce qui a été négligé, et il n'existe pas une suite d'expériences assez concluantes pour établir les avantages de la méthode proposée, les premiers essais n'ayant eu lieu que sur des raisins de rebut non mûrs, qui ne fournissent constamment que des résultats médiocres, quelles que soient les faveurs de la saison.

Comme il n'y a pas d'opérations de la nature

et de l'art, soit en composant, soit en décomposant, qui ne se fassent successivement et par degrés, on ne peut disconvenir que la totalité de la cassonade, de la mélasse et du miel ajoutés à la cuve, ne fermentant pas à-la-fois, une partie de ces substances se trouve entièrement convertie en alcool, tandis que l'autre est encore dans l'état où elle était au moment de son emploi; d'où il suit qu'il y a mélange et non combinaison, et que la présence de l'une de ces substances dans les vins, peut leur donner une nuance de saveur différente, masquer celle qui leur appartient naturellement, et changer entièrement leur caractère.

Mais je suppose que les matières sucrées ajoutées à la cuve en fermentation, aient été confondues dans le moût et assimilées aux principes du raisin par le travail de la fermentation, qu'ensuite le tout n'offre plus qu'un seul et même liquide; cependant, si l'on vient à brûler et à acétifier, les vins qu'ils fournissent se ressentent de la qualité des mêmes produits qu'on retire des matières sucrées soumises aux mêmes opérations. L'alcool et l'acide acétique sont identiques dans toute la nature; mais les eaux-de-vie et les vinaigres varient infiniment entre eux par leur composition, la proportion de leurs principes et leurs effets économiques; ils ont chacun la saveur et l'odeur qui en décèlent la source, qu'on saisit même dans les combinaisons et les usages qu'on en fait, soit dans les arts, soit dans les différentes circonstances de la vie.

Cela posé, n'est-il pas démontré que si, dans le ci-devant pays d'Aunis, la Saintonge, l'Angoumois, par exemple, où tout doit être sacrifié à la production de l'alcool, on se permettait d'ajouter à la cuve, de la cassonade, de la mélasse et du miel, les eaux-de-vie qui en proviendraient pourraient participer des effets de l'un et de l'autre, je veux dire du rhum, du tafia, de l'hydromel spiritueux, si inférieurs en qualité à nos eaux-de-vie de l'ouest et du midi, et être par conséquent altérées dans leur homogénéité et dans leurs propriétés spécifiques.

En mêlant aux eaux-de-vie de vin une très-petite quantité de celles que je viens de nommer, on peut facilement juger, par la dégustation, du changement notable que ce mélange opère sur la saveur et sur l'odeur, au point de changer la qualité propre des premières, de ne plus y distinguer ce moelleux, cette saveur franche qui les caractérisent, et qu'il m'a été impossible de leur restituer par une nouvelle distillation.

La même expérience a été faite avec les vinaigres provenant des matières sucrées acétifiées suivant les meilleurs procédés ; et la plus petite portion de ces vinaigres ajoutée à ceux qui se préparent à Bordeaux et à Orléans, a suffi pour leur imprimer un autre cachet.

On conçoit aisément que les fabricans d'eaux-de-vie et de vinaigre, séduits par l'efficacité des matières sucrées sur les petits vins du nord, qui, pour augmenter leurs produits, emploieraient un pareil mode, c'est-à-dire, qui feraient entrer dans la cuve des vins destinés à la distillation, de la cassonade, de la mélasse ou du miel, se tromperaient grossièrement dans leurs spéculations, porteraient un coup funeste à leur commerce, et finiraient par décréditer eux-mêmes nos eaux-de-vie, qui, sous la qualification d'*eaux-de-vie de Cognac,* jouissent chez l'étranger d'une telle réputation, qu'elles font la richesse de plusieurs de nos départemens, et sont pour la France, après les vins, une autre branche d'industrie non moins intéressante.

Plusieurs auteurs, sans entrer dans ces vues commerciales, ont également fait des reproches à la proposition dont nous cherchons à apprécier la valeur : dans un mémoire sur la fermentation vineuse, M. *de Sampayo* établit que, dans aucun cas, le sucre de canne ajouté à la cuve ne peut suppléer le moût concentré et bouillant, parce qu'il communique au vin et à ses produits une saveur étrangère, qui n'est jamais agréable.

(217)

Ces simples observations paraissent suffisantes pour faire voir que, dans tous les cas où l'addition de la matière sucrée à la cuve en fermentation est jugée indispensable, il faut se garder de l'emprunter au sucre des colonies, au miel, et encore moins à la mélasse. Ce n'est pas non plus le moût du même raisin, et simplement concentré ou désacidifié, qu'il convient d'employer dans ce cas, quoique ce moyen ait assez bien réussi dans plusieurs de nos départemens ; c'est à la conserve de raisins du midi qu'il faut avoir principalement recours. Rien n'est comparable à cette substance, parce que, d'abord, étant l'extrait du fruit qui a donné son nom à la liqueur vineuse la plus estimée, à l'eau-de-vie la plus agréable et au vinaigre le plus vigoureux, elle a encore infiniment plus d'analogie avec le moût, que les produits de la canne et des abeilles, dans lesquels on n'a pu jusqu'à présent découvrir un atome de tartre.

Ce n'est pas que je regarde cet ingrédient comme indispensable à la cuve ; mais je pense que si le moût et le vin n'en contenaient pas une quantité relative à celle des autres principes, ces deux fluides, de propriétés si différentes, quoique originaires d'une source commune, seraient exposés à des inconvéniens dont il est difficile de calculer les conséquences.

J'ai dit dans la seconde édition de mon Instruction

sur les sirops de raisins , que le tartre était nécessaire à la vinification , et je m'explique : il est
nécessaire dans le vin , où la nature le fait entrer
comme partie constituante et un des conservateurs.
Voulez-vous avoir un excellent vin sec, conservez-
y le tartre : voulez-vous un vin sucré, saturez le
tartre; il est l'acide propre du vin , comme l'acide
malique est celui du cidre et du poiré. Toutes les
fois qu'on analyse un vin et qu'on y trouve le tartre,
on juge qu'il est naturel. Enfin, dans certains endroits, on regarde l'influence du tartre comme tellement avantageuse dans les boissons vineuses, qu'on
l'y fait entrer dissous dans trente fois son poids
d'eau , dans la proportion d'un demi-kilogramme
sur deux hectolitres de bière.

Cependant, malgré ces assertions, les œnologues ne sont pas plus d'accord que les chimistes
sur le véritable rôle que le tartre joue dans la vinification : les uns prétendent qu'il y est de toute nul-
lité ; les autres croient qu'il en est un des principaux agens. Sans doute la nature n'a pas associé
en vain le tartre avec les autres principes du raisin
pour en faire une matière inerte; son but, dans la
création de cette substance, a été évidemment de
le faire concourir, avec les autres acides, a la saccharification , puisque ce fruit est d'autant plus
riche en matière sucrée qu'il est moins abondant

en tartre, et *vice versâ*. Dans la cuve, il agit à la manière des levains ; il facilite la décomposition de la matière sucrée : dans le tonneau, il fait les fonctions de condiment.

Mais en supposant, comme l'a judicieusement observé M. *Leroux*, ancien pharmacien des armées, qu'il ne fournisse rien par lui-même à la fermentation, on ne peut se dispenser de le considérer comme un accessoire favorable à cette opération. Sans doute il ne lui est pas rigoureusement nécessaire, puisque tous les sucs des fruits qui n'en contiennent pas, n'en sont pas moins susceptibles d'une bonne fermentation ; mais si le tartre ici était inutile, comme le pensent M. *Proust* et d'autres chimistes également célèbres, pourquoi M. *Fabroni*, l'un de nos meilleurs œnologues, a-t-il soin de le faire concourir dans la formule qu'il a publiée, pour avoir, sans le secours du moût de raisins, un fort bon vin fabriqué, comme on dit, de toutes pièces.

Je ne connais point les expériences qui ont servi de base à l'opinion que je prends la liberté de combattre ; mais il en existe en sa faveur qu'on ne saurait révoquer en doute. *Bullion*, entre autres, a fait voir, en 1785, que le tartre était absolument nécessaire pour opérer la décomposition de la matière sucrée, déterminer la fermentation vineuse et augmenter la quantité d'alcool.

Les expériences du sénateur comte *Chaptal* viennent à l'appui de celles de *Rullier :* elles prouvent, en outre, que le moût dans lequel on introduit du tartre, fournit plus d'alcool ; que ce tartre divise l'albumine, et qu'il convient d'en ajouter de petites quantités lorsque les raisins sont trop sucrés, pour rendre la fermentation plus complète.

L'observation des vignerons du midi est également conforme aux expériences des chimistes : quand ils redoutent une vendange composée seulement de raisins trop sucrés, d'où l'on n'obtient que des vins imparfaits, ils y obvient en employant concurremment de gros raisins noirs moins mûrs et par conséquent plus abondans en tartre.

Avant de chercher à corriger les défauts de ces moûts imparfaits et à les replacer dans des conditions peu différentes de celles des années les plus favorables à la maturité des raisins, il faut préalablement connaître quel est le défaut de la cuve, c'est-à-dire, si le moût pèche par un excès de tartre ou si la matière sucrée y domine : dans le premier cas, c'est la conserve douce de raisins du midi dont il est nécessaire de se servir ; dans le second cas, au contraire, où le moût contient plus de sucre que le tartre n'en peut décomposer, c'est la conserve acide du nord. Les habitans des cantons vignobles situés aux deux extrémités de l'Empire, pourraient donc, dans cette circonstance, se procurer des secours réciproques en échangeant leurs, conserves.

Curieux de connaître par moi-même l'effet de l'auxiliaire dont il s'agit, j'ai réuni ce qui m'avait été envoyé de conserves de raisins du midi; il s'en est trouvé quinze kilogrammes environ; je les ai réservées pour une expérience à laquelle j'attachais de l'intérêt : mais, privé des moyens de la faire dans toute son étendue, et de lui donner ce degré de précision qui pouvait seule la rendre utile, je me suis adressé à M. *Colas,* propriétaire, qui soigne son vin et parvient à le conserver au-delà de trois années en bon état, ce qui est une perfection pour le vignoble d'Argenteuil. Ses deux cuves sont de la même capacité; elles contiennent chacune douze pièces, la pièce de deux cent vingt-huit litres. La conserve a été délayée dans une portion de moût bouillant de l'une des deux cuves; et quoiqu'il n'y en eût par pièce qu'un kilogramme et demi, lorsqu'il en aurait fallu six fois autant, d'après la quantité qui sera indiquée plus loin, le vin de cette cuve s'est trouvé avoir néanmoins une supériorité sensible sur celui de la cuve de comparaison, placée dans le même cellier. Dans la crainte de m'en imposer, je l'ai soumis au jugement de plusieurs habiles dégustateurs, qui ont partagé mon opinion. J'apprends que quelques vignerons des environs de Paris, en employant la conserve du midi dans une plus grande proportion, ont obtenu par ce moyen un succès tel, que leurs vins de 1809 ne diffèrent pas en qualité de ceux des bonnes années.

Ah! si les propriétaires pouvaient se persuader par eux-mêmes combien il y a à gagner par cette pratique si simple, si naturelle et si économique, assurément ils ne la négligeraient point. Nous leur assurons que jamais ils ne songeraient à revenir sur leurs pas, si une fois ils l'avaient essayée sans prévention.

Les raisins secs et ces fruits préparés sans feu devraient à cet égard opérer plus efficacement que le moût, qui ne saurait acquérir la consistance de conserve pendant son séjour au feu, sans éprouver un changement notable dans sa texture organique. Aussi, comme l'observe le sénateur comte *François de Neufchâteau*, dans ses notes intéressantes ajoutées à la nouvelle édition du Théâtre d'agriculture d'*Olivier de Serres*, quelque chose que l'on puisse faire, il est impossible de parvenir à déguiser assez le vin des raisins secs et les vins cuits en général, pour que l'on puisse s'y méprendre et leur trouver la saveur et le bouquet des raisins frais : mais lorsque, dans ces vignobles justement célèbres, l'année n'a pas été favorable à la végétation de la vigne, lorsque, dans les autres vignobles, tout se trouve contraire, climat, terrain, saison, exposition, température, il faut bien, je ne dis pas réparer entièrement le mal, mais en diminuer la gravité.

Le point principal n'est pas de faire des vins de première qualité avec des raisins médiocres; il s'agit seulement de donner à des vins plats, naturellement faibles et légers, de courte durée, qui ne peuvent se transporter loin du vignoble ni se garder d'une vendange à l'autre, de la force et du corps pour circuler dans un certain arrondissement : or je pense que le but qu'on veut atteindre sera rempli, dès qu'on aura un vin plus généreux, plus agréable à boire et plus efficace dans ses propriétés économiques, que celui qu'aurait pu procurer le moût de sa cuve sans le concours d'un auxiliaire. D'ailleurs, l'amélioration des petits vins en France diminuerait la consommation de la bière, qui, dans les pays où cette boisson est principalement adoptée, occupe un quart du sol, et un sol susceptible d'être beaucoup mieux employé. L'usage même modéré de pareils vins n'est pas non plus sans inconvénient pour la santé; il tourne au besaigre et dérange les fonctions de l'estomac, au lieu de restaurer, de fortifier et d'égayer.

J'ajouterai à cette judicieuse remarque, que le

moût, pour arriver à l'état de conserve, ne peut subir l'action du feu sans changer sa manière d'être, sans perdre une partie de son arome : ce ne serait donc tout au plus qu'au moyen du mode de concentration indiqué par M. *Montgolfier*, ou de la congélation proposée par *Shaw* et M. *Astier*, qu'on pourrait espérer de réaliser l'idée de faire, à une certaine distance des vignobles les plus célèbres, des vins fins à-peu-près analogues à ceux qu'ils produisent : mais jamais, non jamais, la meilleure conserve de raisins du midi, mise dans la cuve des excellens vignobles, n'améliorera leurs vins ; elle préjudicierait plutôt à leur qualité. En vain on se flatterait de réussir ; ce n'est qu'au moyen d'un raisin frais, d'un moût vierge, d'une cuve sans mélange, qu'il est possible d'obtenir un vin sec et parfait.

Les anciens, en diminuant la surabondance de l'humidité et des acides du moût, en neutralisant le tartre au pressoir, n'avaient pour objet que de s'opposer à ce que la fermentation ne fût complète, et ne décomposât la totalité de la matière sucrée ; n'estimant que les vins doucereux, sucrés, épais et louches, ils ne faisaient aucun cas des vins secs et limpides de Bordeaux, de Bourgogne, de Champagne rouge et du Rhin, dont le principal mérite consiste à ne plus avoir de sucre ou fort peu, et

à

à contenir une certaine quantité de tartre essentielle à leur qualité et à leur conservation. J'ai cru ces réflexions utiles pour empêcher qu'on ne prît de ma proposition une opinion trop avantageuse dans les circonstances précédemment énoncées, toutefois après avoir rempli les conditions dont le concours est nécessaire à la perfection du produit.

Quelques propriétaires des départemens d'Indre-et-Loire, de Loir-et-Cher, se sont empressés de préparer des sirops avant l'ouverture de la vendange, et de les employer dans la cuve en fermentation : la réussite a passé leurs espérances ; ils ont vendu leurs vins, toutes choses égales d'ailleurs, 10 francs de plus l'hectolitre. Mais dans la crainte de passer pour des frelateurs, ou qu'on ne devinât le moyen dont ils s'étaient servis pour obtenir un pareil succès, non-seulement ils en ont fait un mystère, mais, pour qu'on ne les soupçonnât pas d'y avoir eu recours, ils en sont devenus, sur les lieux, les détracteurs. Un d'entre eux est venu m'offrir de l'argent pour tenir secret ce moyen si efficace d'améliorer les petits vins, que nous avons déjà indiqué.

Comme les conserves ne peuvent guère servir à la cuve en fermentation que d'une vendange à l'autre, c'est-à-dire, une année après leur préparation, et que, pendant ce long intervalle, elles

P

pourraient avoir éprouvé un commencement d'altération, elles n'en seraient pas moins propres,
ainsi que les sirops, à la cuve, puisque l'un et l'autre
se trouveraient déjà sur la voie de la fermentation,
ce qui mettrait par-là à même de renouveler sa
provision, sans rien perdre de l'ancienne.

Ce serait la conserve acide, au contraire, qu'il
faudrait préférer dans tous les cas où l'on recom-
manderait l'addition du tartre à la cuve d'un moût
trop sucré : ce sel s'y trouve divisé et combiné de
manière à rester suspendu dans la masse du fluide ;
et, au lieu de se précipiter au fond comme celui du
commerce, à cause de son insolubilité, il agit vivement sur les parties constituantes, il en opère la
décomposition.

Les raisins secs du commerce sont encore, suivant *Olivier de Serres*, un bon moyen d'adoucir les
vins : on pourrait également, ainsi qu'on l'a déjà observé, les appliquer à la cuve, après avoir mis leur
pulpe en état d'exercer plus aisément leur action.

L'auxiliaire dont il s'agit manquerait absolument
son effet, s'il était employé arbitrairement et sans
méthode. Ce n'est pas le tout d'avoir déterminé
les cas particuliers où la conserve douce du raisin
du midi doit être employée, il faut en fixer la
quantité : elle doit nécessairement varier selon les
années et l'espèce de vin qu'on veut améliorer ; il

sera toujours fort aisé de l'évaluer, et d'en mettre jusqu'à ce que l'aréomètre indique le degré qui caractérise ordinairement le moût des meilleures années, et dont on aura eu soin de conserver la note. Car ce n'est pas assez de préconiser les méthodes d'amélioration, il faut, avant tout, les mettre à la portée du vigneron malaisé, qui ne peut faire d'autres sacrifices que ceux de son temps et de ses bras, pour jouir du fruit de son travail; c'est vers ce point que doivent tendre toutes les recherches. Si, selon l'observation du sénateur comte *Chaptal*, quinze à vingt livres de cassonade suffisent pour adoucir la vendange, ce seraient vingt-cinq à trente livres de conserves qu'il faudrait y ajouter.

C'est, d'ailleurs, aux vignerons des différens climats, à régler sur la nature des raisins et la qualité des vins qu'ils veulent préparer, la proportion et l'espèce de conserve dont ils doivent se servir : l'expérience le leur apprendra bientôt, ainsi que la dépense qu'ils s'épargneraient par ce supplément devenu nécessaire.

Après avoir fait connaître la quantité et la qualité de conserve qu'il convient d'ajouter à la cuve en fermentation, il ne nous reste plus qu'à indiquer la manière de s'en servir. La première forme qu'il faut d'abord lui donner, c'est une fluidité égale à celle de la masse qui va la recevoir, afin qu'elle y produise plus promptement et plus uniformément son effet. On doit donc la délayer dans quatre fois son poids de moût chauffé, tenir le mélange sur le feu, et lorsqu'il est voisin du degré de l'ébullition, le verser aussitôt dans la cuve, en agitant le tout vivement.

Je desirerais pouvoir établir, d'après un calcul exact, le bénéfice qui résulterait de la substitution des conserves de raisins du midi à la cassonade, à la mélasse et au miel réduit au prix moyen ; mais je suppose que le kilogramme coûte autant que la livre de l'une de ces matières sucrées qu'elle représente, ce serait encore à la conserve qu'il faudrait accorder la préférence, parce que, nous le répétons, elle n'en a aucun des inconvéniens, qu'elle a, de plus, l'avantage de posséder l'espèce de sucre analogue à celui qui est contenu dans le moût, qu'elle est composée des mêmes élémens, qu'elle porte avec elle une grande disposition à la fermentation alcoolique, et est infiniment plus propre à la vinification. Je pourrais dire de la conserve de raisins du midi, avec bien plus de raison, ce que *Shaw*, chimiste anglais, disait du sucre : partout où on la transportera, on y portera du moût, des sirops, des confitures, du vin, de l'eau-de-vie et du vinaigre.

Certes, j'aurais pu me dispenser d'insister aussi long-temps que je l'ai fait sur les désavantages marqués qu'il y aurait à ajouter inconsidérément à la cuve en fermentation la cassonade, la mélasse et le miel, quand bien même leur présence opérerait tous les bons effets qui leur ont été attribués sans preuves suffisantes. Ces objets sont aujourd'hui trop chers; et la moindre quantité qu'on se permettrait d'en employer à un pareil usage, éleverait le prix des vins de cet ordre à un taux qui deviendrait précisément un obstacle à leur débit : alors le but économique serait manqué; et voilà pourquoi tant de conseils faciles à suivre dans les livres, deviennent impraticables à l'exécution.

Mais j'ai pensé que, si les circonstances politiques venaient à changer et à ramener ces objets au prix où ils étaient avant la guerre, ce mode d'amélioration des petits vins pourrait être reproduit, étendu même à d'autres matières sucrées d'une qualité inférieure, et donner lieu à plus d'inconvéniens encore; qu'alors il était utile de prémunir contre une proposition qui, si elle était accueillie sans examen, porterait atteinte à la prospérité de notre commerce.

Où en serions-nous donc, si, parmi les vignerons, il y avait, comme parmi ceux qui dans les grandes villes populeuses vendent le vin en détail, des hommes audacieux qui prétendraient imiter nos vins fins, en jetant dans la cuve des moûts imparfaits, le suc de nos fruits à pepins et à noyaux, les marcs des grains germés ou des racines potagères, et voudraient nous faire renoncer aux bons vins de Bourgogne, de Champagne, de Bordeaux, pour adopter comme tels ceux qu'ils auraient tripotés à Surenne et en Brie!

Je ne saurais trop le répéter, ce n'est jamais qu'avec la plus grande circonspection qu'il faut permettre d'introduire dans la cuve en fermentation d'autres substances que la conserve douce du raisin du midi, et la conserve acide du nord, suivant la nature du moût qu'on veut bonifier et l'espèce de vin qu'on desire : c'est le seul auxiliaire sur lequel on puisse compter, le seul dont la théorie soit parfaitement d'accord avec le raisonnement. Il ne pourra manquer de trouver de fréquentes applications dans beaucoup de cantons vignobles, où il est rare que la vendange acquière chaque année le degré de maturité nécessaire pour donner constamment un vin généreux et de garde. Si le commerce d'échange des conserves que je propose, venait un jour à s'établir, les vignobles les plus méprisés seraient bientôt admis à partager la réputation de ceux qui sont les plus renommés. Eh ! pourquoi ces relations des deux extrémités de l'Empire n'auraient-elles pas lieu ! Combien d'extraits de nos fruits ont joui long-temps, dans le commerce de la droguerie, d'une grande célébrité; et assurément ils étaient loin d'offrir la perspective d'utilité que laissent entrevoir les conserves de raisins.

Ce transport de la conserve du midi dans un autre climat me rappelle la proposition faite par M. *Chamousset*, de procurer aux habitans des pays chauds la faculté d'avoir sur-le-champ une boisson salubre et comparable à la bière, au moyen d'un *rob* ou extrait de *malt*. Cette proposition était sur le point d'avoir son exécution, lorsqu'une mort prématurée a terminé les jours de ce vertueux philantrope, qui, pendant cinquante - six ans qui ont rempli l'intervalle de sa vie , semble n'avoir existé que pour le bonheur des autres.

Je ne pousserai pas plus loin mes observations; mais , avant de les terminer, je crois devoir justifier ceux qui ont pu rencontrer sur leurs pas des entraves lorsqu'ils ont voulu tenter de mettre en pratique le moyen d'amélioration que nous recommandons : les innovations les plus utiles trouvent toujours quelques apologistes et beaucoup de détracteurs; il est même étonnant que , dans le midi, le nombre de ceux - ci n'ait pas été plus considérable.

Malgré les instances réitérées de M. *Limouzin*, l'apôtre des sirops et conserves de raisins, qui poursuit avec le même intérêt ses recherches et ses expériences pour les perfectionner dans le département du Tarn, il ne lui a pas été possible d'obtenir des particuliers qui font le plus de vin dans son canton, d'essayer l'application de la conserve de raisins à la cuve en fermentation, dans une année où cette addition eût été très-utile. Pour leur ôter tout prétexte, et les déterminer à tourner leur attention vers ce genre d'industrie, il offrit de partager avec eux les sirops et conserves provenant du moût qu'ils voudraient lui fournir ; un seul d'entre eux acquiesça à la proposition, et il n'eut pas lieu de s'en repentir.

Espérons que son exemple aura des imitateurs ; qu'il gagnera de proche en proche tous les cantons où la vigne est cultivée ; qu'enfin la conserve de raisins du midi deviendra toujours une ressource annuelle pour les petits vins , et quelquefois un auxiliaire réparateur des mauvaises vendanges , dans les vignobles les plus renommés.

EMPLOI DES SIROPS DE RAISINS DANS L'ÉCONOMIE ANIMALE.

Nous allons parcourir rapidement le cercle des

ressources les plus essentielles que l'économie domestique et la médecine peuvent trouver dans le
raisin considéré comme supplément du sucre.

On ne peut plus douter, d'après les témoignages
les plus authentiques, que les sirops de ce fruit,
préparés avec soin, ne soient agréables en santé
et bienfaisans en maladie. Bornons-nous à en présenter les effets principaux, sans nous appesantir
sur les détails.

USAGES DANS L'ÉCONOMIE DOMESTIQUE. Les
ménagères de tous les ordres connaissent infiniment mieux que nous les applications utiles qu'il
est possible de faire du sirop de raisins pour sucrer
nos alimens et nos boissons ; applications qu'il
n'appartient qu'à elles d'étendre et même de perfectionner.

L'expérience leur a déjà prouvé que le sirop
doux représente le sirop de sucre, et peut devenir
d'un usage journalier dans les compotes des fruits
à pepins et à noyaux, dans les pâtisseries, dans les
crêmes, dans les confitures de toute espèce, mais
sur-tout dans les liqueurs de table, dans les boissons chaudes et fraîches dont on a contracté l'habitude aujourd'hui chez tous les peuples de l'Europe.

Le sirop acide de raisins, qu'on peut comparer
au sirop de verjus, remplacera très-bien et de la

même manière les sirops qui se consomment pendant les chaleurs de l'été, comme ceux de limon, de groseille et de vinaigre; en les étendant dans cinq à six fois leur poids d'eau, il en résultera des boissons analogues.

Quel que soit le sort futur du commerce des denrées coloniales, l'usage des sirops de raisins une fois adopté, on renoncera difficilement à cette ressource de ménage, qui coûtera toujours moins cher sur les lieux où on les préparera, que le sucre de canne, qui, suivant les conjectures, restera long-temps cher.

Voici un paragraphe répété dans une foule de lettres qui m'ont été adressées de personnes dignes de foi, habitant les départemens du midi : « Nous » avons suivi votre méthode, et obtenu, dans la » proportion qu'elle annonce, un produit très- » riche en matière sucrée. Il est impossible de nom- » brer la quantité de propriétaires de vignes qui » se sont occupés de faire des sirops de raisins. J'en » ai, pour ma part, préparé trente livres, et le sucre » d'Amérique n'entre plus dans ma maison, ni » dans celle de beaucoup de particuliers qui en » faisaient une grande consommation. »

Mais pourquoi le dissimuler! on pourrait à la rigueur se passer du sucre de canne en médecine et dans la pharmacie, si chaque ordre de la société, animé d'un véritable esprit public, consentait à employer constamment à sa place les raisins sous forme sirupeuse ou dans l'état de conserve. N'était-ce pas le sucre de nos bons aïeux, comme le miel leur plus délicieuse confiture! On a eu une peine infinie à s'en déshabituer. D'ailleurs il est démontré, par les recherches historiques de *Du-throne*, que, jusque vers la fin du quatorzième siècle, le sucre brut de la canne circulait dans le commerce en Égypte, en Syrie, en Chypre, et il y a des nations entières qui ne sont pas encore dans l'usage de purifier le sucre qu'elles récoltent, fabriquent et consomment; peut-être leur motif vient-il de ce qu'elles ont remarqué qu'il perd de sa faculté sucrante à mesure qu'on lui fait subir des opérations pour le raffiner, c'est-à-dire, qu'on prive le sucre sec de son sucre liquide.

Nous ajouterons une dernière observation, que nous regardons comme la récompense de nos efforts; c'est que par-tout où le sirop a été essayé, soit comme assaisonnement, soit en qualité de médicament, on en a obtenu les plus heureux résultats, dans les différentes circonstances où l'on avait coutume de se servir du sirop de sucre ou de miel. Sans doute le temps n'est pas éloigné où ce sirop, considéré relativement à sa qualité, à ses effets et à son prix, deviendra une des premières ressources de l'économie domestique, enfin le sucre du ménage.

Usages dans la médecine. Les essais que l'on a déjà faits dans les hôpitaux civils et militaires, ont prouvé que le sirop doux de raisins se combine parfaitement avec le vin pour les potions cordiales et les autres prescriptions dans lesquelles ces deux fluides se trouvent réunis ; mais c'est surtout au bout de quelques heures, que le mélange, devenant plus intime, présente des composés fort agréables au goût. Ainsi les juleps pectoraux simples acquièrent, en une demi-journée, un degré de perfection qu'on ne remarque point dans le sirop de cassonade, peut-être parce qu'il ne contient pas une égale quantité de mucoso-sucré : une partie des tartrites et des malates de chaux que le sirop doux de raisins dépose, se redissout dans le vin ; il y a par conséquent moins de précipité.

M. *Laurens*, auteur de l'Instruction à laquelle l'Académie des sciences de Marseille a adjugé le prix, évalue l'économie qui est résultée de l'emploi du sirop de raisins dans l'hospice civil et militaire de cette ville, à deux mille quatre cents francs dans l'espace de six mois.

Employé à l'instar du sucre, du miel et du jus de réglisse, pour édulcorer la boisson commune des malades, le sirop doux de raisins peut être infiniment utile aux indigens, dans les asiles de la bienfaisance et pour les secours à domicile.

Nous observerons que les ouvrages les plus recommandables de matière médicale mettent les raisins secs au nombre des quatre fruits pectoraux ; à plus forte raison les sirops préparés avec le suc extrait des raisins frais, doivent-ils éminemment jouir de cette propriété, dès qu'ils seront administrés sous la forme et dans les proportions convenables. Ils peuvent servir d'excipient aux électuaires et aux conserves. M. *Cadet de Gassicourt* en a préparé des pastilles à l'instar de celles de jujubes ; et si elles en diffèrent, c'est parce qu'elles sont plus agréables, plus transparentes et moins colorées.

Les médecins placés dans le voisinage des endroits où ces sirops ont été préparés en grand, ne parlent qu'avec une sorte d'enthousiasme des premiers succès qu'ils en ont obtenus contre toutes les affections humorales, bilieuses, pituiteuses, catarrhales. Le sirop doux de raisins étant composé du sucre de ce fruit et d'une matière muqueuse végétale très-abondante, peut servir comme médicament dans tous les cas où les mucilagineux sont indiqués. Il est donc possible de l'employer avec succès, en l'étendant d'une certaine quantité d'eau ou d'infusion pectorale béchique, dans les catarrhes pulmonaires aigus, dans les péripneumonies , dans les affections inflammatoires des membranes muqueuses, &c. J'engage particulièrement les bonnes mères à y avoir recours, quand leurs enfans auront cette maladie si commune parmi eux, la coqueluche , d'autant mieux qu'elles savent la peine qu'on a à leur faire prendre ce qui a le moindre goût de drogue ; l'un et l'autre sirop ont une saveur qui ne leur déplaît pas. J'ai même lieu de présumer que celui qui est acide, délayé dans un véhicule quelconque à la dose de deux onces par pinte , remplacera un jour l'eau de tamarin, et procurera une boisson plus agréable et pour le moins aussi rafraîchissante dans les fièvres putrides, malignes et inflammatoires.

On pourrait faire encore, avec ce sirop acide délayé dans une suffisante quantité d'eau , un moût artificiel, qui, dans un besoin pressant, serait en état de suppléer celui qu'on va boire par régime en automne dans les pays vignobles ; et peut-être les vendanges comptent-elles en ce genre autant de miracles que les sources d'eaux minérales.

Quelle est l'intention du médecin, lorsqu'il prescrit du tartrite acidule de potasse dans une eau miellée autant qu'elle peut en dissoudre ? C'est d'offrir aux malades une boisson incisive et laxative, comparable à celle qui résulterait d'une once de sirop acide de raisins étendue dans quatre fois son poids d'eau.

Les pharmacopées de Madrid, de 1739, celles de Londres et d'Ausbourg, considèrent l'extrait de raisins frais ou secs comme une pulpe analogue à celle des tamarins et de la casse ; elles le prescrivent non-seulement pour entrer dans les électuaires et les conserves, mais encore pour servir en boisson. Le raisiné simple, délayé dans l'eau, fournirait aux malades une boisson plus de leur goût que l'eau de casse et de tamarin.

Il est bien étonnant qu'on s'obstine à employer des drogues étrangères, dont nous ignorons souvent la nature, et qu'on a droit de suspecter puisqu'elles viennent de loin, sans vouloir essayer celles qui appartiennent à nos climats. Nous allons aux grandes Indes et en Amérique chercher dans le tamarinier et le cassier des fruits acides et purgatifs, lorsque nous pourrions trouver cette double ressource dans nos raisins et dans nos pruneaux associés avec le tartrite acidule de potasse.

Je suis, au reste, bien convaincu que le sirop doux, le sirop acide, les conserves de raisins méritent d'occuper une place dans nos pharmacopées nationales, et une dénomination qui en caractérise les propriétés ; que ce nouveau genre de médicament fournira au médecin des ressources

efficaces, lorsqu'il sera dirigé par une main habile, et par l'esprit d'observation, qui est la base
et le fondement de l'art de guérir.

L'intérêt qu'ont tous les Français de diminuer,
autant qu'il est possible, la consommation du sucre
exotique, et l'intime persuasion dans laquelle je
suis qu'un médicament préparé avec des sirops et
conserves de raisins bien faits, n'est pas plus désagréable ni moins efficace qu'avec du sirop de
sucre, qu'il est même plus parfait qu'avec le miel,
exclusivement employé à cet usage avant que la
culture de la canne eût pris l'extension qu'elle
a ; ces considérations m'autorisent à espérer que
les médecins, pénétrés plus que jamais d'un véritable esprit philosophique, donneront un jour la préférence, pour la généralité de leurs prescriptions,
aux sirops et conserves de raisins, parce qu'ils
joignent à leurs effets le mérite d'être une production nationale.

USAGES DANS LES PHARMACIES CIVILES ET
MILITAIRES. On ne peut encore estimer de combien de manières et par combien de procédés
variés suivant les circonstances, ces sirops ont
déjà meublé nos tables pour sucrer nos alimens
et nos boissons, et quels services importans ils
ont déjà rendus à la pharmacie, en qualité de condiment et de remède. Telles sont les expressions

de

de M. *Virenque*, dans le rapport qu'il a fait de mon Instruction à la société d'agriculture du département de l'Hérault.

Dans le nombre des pharmaciens qui se sont empressés de chercher à remplacer le sucre dans les usages médicinaux, on doit distinguer particulièrement ceux des hôpitaux militaires français établis en Italie, entre autres M. *Saxe*, pharmacien en chef de l'armée de Naples; il a électrisé ses coopérateurs sur les sirops de raisins, et a obtenu du ministre de la guerre tous les moyens nécessaires pour faciliter une opération qu'il a poussée fort loin. M. *Savaresi*, médecin en chef de l'armée, a déclaré, à son retour d'une tournée ordonnée par S. M., avoir trouvé dans les hôpitaux qu'il a visités, le sirop de raisins bon, et que son usage avait remplacé celui du sucre avec autant d'avantage pour les malades que d'économie pour l'administration.

Le sirop de raisins remplace entièrement le sucre et le miel dans les hôpitaux militaires du royaume de Naples ; il en a été préparé vingt mille kilogrammes qui ont coûté 8 grains [36 centimes] le kilogramme. Ce remplacement a produit, pendant deux ans, au Gouvernement, une économie de 2000 ducats environ.

Indépendamment des différens rapports que

Q.

M. *Saxe* a présentés aux autorités compétentes, sur les avantages des sirops de raisins, il vient de publier une Instruction pour les faire connaître aux habitans du royaume de Naples et des Deux-Siciles : il les invite à se procurer, par ce moyen, des fruits confits, des liqueurs de table et des boissons rafraîchissantes pour toutes les saisons ; il leur indique, d'après ses expériences, le raisin blanc de l'île d'Ischia, *Biancobella*, comme le plus riche en matière sucrée, et donnant, par conséquent, beaucoup plus d'un sirop blanc et très-agréable.

Il est actuellement bien démontré que si le sirop de raisins ne saurait remplacer celui de sucre en pharmacie, il peut toujours suppléer avantageusement le miel. Nous citerons pour exemple les diverses compositions faites à la pharmacie centrale des hôpitaux militaires, par MM. *Goze* et *Lasserre*, chefs de cet établissement : ils ont employé de grandes quantités de sirops de raisins du midi pour la confection de cinq cents livres de thériaque, diascordium et autres préparations de cet ordre ; les expériences qu'ils ont eu ensuite occasion de faire, leur ont prouvé qu'il y aurait de l'avantage à le substituer au miel, en ce qu'il n'éprouve pas le déchet que subit le dernier, lorsqu'on le clarifie, et qu'ils évaluent à cinq pour cent.

Ils ajoutent que, par suite de la concurrence qui va s'établir entre les différens fabricans, l'économie qui résulterait de la substitution du sirop de raisins à celui de la cassonade, serait de trente pour cent.

Le directoire central des hôpitaux militaires, avant de proposer au ministre directeur de l'administration de la guerre des approvisionnemens nouveaux en sirops de raisins préparés au midi pour le service des pharmacies, s'est empressé de recueillir les avis des officiers de santé en chef des établissemens sur lesquels il avait été fait des versemens de ce genre, et de les communiquer ensuite à l'inspection générale du service de santé des armées, pour connaître son opinion relativement aux avantages et aux inconvéniens de substituer, pour une grande partie des compositions pharmaceutiques, l'emploi des sirops de raisins à celui de la cassonade et du miel dans les hôpitaux militaires. Après avoir mûrement examiné les procès-verbaux d'expériences qui lui ont été présentés, voici le rapport qu'elle a donné sur la question qui lui était soumise.

RAPPORT des Inspecteurs généraux du service de santé des armées, sur l'emploi des Sirops de raisins du midi dans les Préparations pharmaceutiques.

NOUS pensons, 1.º que le sirop de raisins du midi peut remplacer le miel dans toutes les circonstances où l'on a coutume de l'employer; que la dépense est égale, en supposant le sirop à 2 francs le kilogramme, et qu'il y aura économie de 25 pour cent, si on l'obtient, dès cette année, comme il n'y a pas lieu d'en douter, à 1 franc 50 centimes le kilogramme, franc de port;

2.º Que cent kilogrammes de sirop de raisins bien conditionné, du midi, peuvent suppléer avantageusement cinquante kilogrammes de cassonade ordinaire;

3.º Que ce sirop peut entrer sans nul inconvénient dans les trois quarts des prescriptions médicales, et que, dans le cas où l'on en ferait approvisionner les hôpitaux militaires, on ne devrait pas supprimer tout-à-fait l'emploi de la cassonade, ainsi que l'ont proposé quelques enthousiastes : la nature seule des maladies pourra déterminer celle des approvisionnemens de l'une et de l'autre espèce de sucre; il serait possible de calculer, par aperçu, quinze kilogrammes de cassonade sur cent de sirop de raisins;

4.º Que les observations sur la propension du sirop de raisins à fermenter en été, ont été prévues par Son Exc. le Ministre-directeur de l'administration de la guerre, qui, dans cette circonstance, a donné une nouvelle preuve de l'esprit public dont il est animé : en ajoutant les siennes en marge de la décision qu'il a prise pour autoriser l'emploi du sirop de raisins dans les hôpitaux militaires, il a fait, sur les avantages et les inconvéniens de ce supplément de

(245)

sucre, les objections les plus précises et les plus judicieuses. Nous ajoutons que tous les sirops abondans en muqueux sont susceptibles de fermentation; qu'ainsi on ne peut pas espérer d'en garantir celui-ci, sur-tout en été, à moins qu'on ne l'expose à une température de dix à douze degrés, et dans des bouteilles qui ne soient pas en vidange; que, du reste, pour amener le moût de raisins à fournir un sirop doux, il faut le désacidifier, le clarifier : or ces deux opérations détruisent le levain contenu dans le raisin, et replacent ce sirop au nombre de ceux qui sont préparés au miel et à la cassonade ;

5.º Qu'il y aurait un grand avantage à faire établir à Moncalier et à Toulouse, dans le laboratoire de l'hôpital, un ou deux fourneaux économiques disposés de manière à recevoir plusieurs bassines à forme plate et très-évasée, ainsi que quelques tonneaux ou baquets appropriés pour confectionner, au compte de l'administration, les sirops nécessaires aux hôpitaux du midi et du nord de la France;

6.º Qu'il serait à propos, pour encourager les fabricans qui se sont occupés l'année dernière de ces objets, de demander à ceux qui ont le mieux opéré, tels que ceux de Bergerac, de Nice et de Nîmes, des soumissions pour une fourniture de trois mille kilogrammes de sirop de raisins bien conditionné. Ce sirop serait versé sur la pharmacie centrale, et de là réparti dans les hôpitaux militaires de Paris, de Metz, de Strasbourg, Lille, Bruxelles, Mayence et autres qu'il plairait à Son Exc. de déterminer : l'administration gagnerait à cela la certitude d'avoir du sirop confectionné à dire d'experts, et pourrait avoir un terme de comparaison pour le prix et la quantité de celui qui serait préparé dans les autres hôpitaux par ses ordres.

Q 3

A cette autorité respectable, je joins une note
que M. *Courtin*, sous-chef au directoire central
des hôpitaux militaires, m'a remise relativement
au sirop de raisins confectionné, à l'époque du
15 octobre 1808, dans différens hôpitaux militaires, d'après les ordres du Ministre :

1.º A l'hôpital militaire de Toulon, deux cent soixante
kilogrammes, qui ont coûté, pour l'achat du raisin et pour
les frais de manipulation, 126 francs 10 centimes; ce qui
fait revenir le sirop à 48 centimes le kilogramme.

2.º A l'hôpital militaire d'Alexandrie, cent soixante-
dix kilogrammes, dont la dépense, montant à 191 francs
95 centimes, donne, pour prix du kilogramme, 1 franc
12 centimes et demi environ.

3.º A l'hôpital militaire de Parme (comme essai seulement), un kilogramme cinquante décagrammes, dont la
dépense s'est élevée à 1 franc 45 centimes; ce qui fait à
raison de 97 centimes le kilogramme.

Dans les actes constatant ces opérations, les pharmaciens qui les ont faites, et les officiers de santé en chef de
chaque établissement respectif qui les ont surveillées, se
sont accordés à dire qu'elles étaient très-économiques pour
le Gouvernement, et que le sirop dont il s'agit pouvait
parfaitement remplacer le sucre dans toutes les préparations où il est employé pour la pharmacie, sauf quelques
exceptions peu nombreuses.

Dans le nombre des lettres écrites de toute
part, sur les sirops et conserves de raisins, je
ne puis me dispenser de rapporter ici en entier

celle que M. *Serullas* vient d'adresser aux membres de la société d'agriculture du département de la Seine ; les faits et les observations intéressantes qu'elle renferme, ne m'ont pas permis de me borner à en donner une simple analyse.

SERULLAS, Pharmacien en chef de l'hôpital militaire de Moncalier,

A Messieurs les Membres composant la Société d'agriculture du département de la Seine.

MESSIEURS,

J'ai été chargé, vers la fin de septembre dernier, par Son Excellence le Ministre-directeur de l'administration de la guerre, sur la proposition de notre respectable chef, M. *Parmentier,* de confectionner, pour le service des hôpitaux militaires, dix-huit cents kilogrammes de sirop de raisins. Ma tâche est depuis long-temps remplie et au-delà, puisque la quantité se monte à près de trois mille kilogrammes. L'intérêt que vous prenez à tout ce qui a rapport à l'économie et à l'utilité publique, m'imposait le devoir de vous faire connaître mes produits ; mais n'ayant jamais été à portée de les comparer avec d'autres, peu confiant d'ailleurs dans mon propre travail, je devais auparavant les soumettre au jugement de l'homme célèbre dont les instructions m'ont servi de guide.

Nous avons eu, à l'époque des vendanges, des pluies continuelles, au point que la majeure partie du raisin s'est pourrie. Les personnes avec lesquelles on avait fait des marchés, en ont apporté pour remplir leurs engagemens ; mais il était en si mauvais état, qu'on a été obligé de le laisser pour leur compte. Ce contre-temps ne m'a point découragé, ainsi que d'autres contrariétés qui tiennent au défaut de cette prévoyance que l'on ne peut acquérir que par le secours de l'expérience : la qualité du raisin, le retard qu'on a mis à nous en fournir, le manque des ustensiles nécessaires ; voilà des obstacles qui se sont présentés, mais qu'il est extrêmement facile d'éviter, sur-tout ici, en s'y prenant à temps. Les essais de l'année dernière ne pouvaient compter ; ce que nous avons fait cette année nous a éclairés davantage ; de manière que je pourrais à présent arriver, sans hésiter, à ces résultats où l'on ne parvient, pour la première fois, que par une marche incertaine. Je suis bien assuré que si j'avais à recommencer mon travail, je préparerais, en moins d'un mois, le double et même davantage de sirop, sans plus de frais ni de soins.

La mesure qu'avait prise M. *Parmentier*, pour propager son Instruction, en déterminant le Ministre à écrire circulairement aux pharmaciens chargés d'un service à l'armée d'Italie, de préparer le sirop de raisins nécessaire à son approvisionnement, et de rendre témoins de leurs opérations les habitans des cantons où ils étaient employés ; cette mesure n'a pu avoir son exécution, parce que la saison était trop avancée quand elle a été connue : mais elle a eu, cette année, son plus grand effet depuis Naples jusqu'à Rome, et depuis Rome jusqu'à Milan et Turin.

Notre petite fabrique a excité la curiosité des habitans ; elle a été visitée par beaucoup de personnes qui, après avoir goûté les premiers kilogrammes de sirop que j'ai obtenus, se sont empressées de nous imiter; et bientôt trente bassines ont été établies dans différens endroits. J'ai cru devoir me rendre chez plusieurs, pour les aider de mes conseils, à la suite desquels M. *Gianella*, pharmacien à Casal-Borgone, a fait de très-heureux essais : encouragé par ses premiers succès, il se propose d'entreprendre cette année une fabrication plus considérable. M. *de Saluces*, vice-président de l'académie impériale des sciences de Turin, pénétré de l'importance d'un travail dont la propagation est d'un si grand intérêt, en me donnant les témoignages les plus flatteurs de son estime particulière, m'a communiqué, au nom de l'académie, quelques échantillons de moscouade, pour les soumettre à tous les essais que je desirerais faire; mais comme je n'ai ni le temps ni le goût de me livrer à des expériences dont la nature et le résultat ont été si bien jugés par M. *Parmentier*, je les lui ai adressés avec un échantillon de l'eau-de-vie que j'ai retirée des résidus : j'en ai déjà plus de cent vingt-cinq litres; elle est de meilleure qualité en général que celle du pays. J'ai aussi essayé de faire du vinaigre avec les rafles qui, dans l'égrappage, retiennent du suc et quelques grains; il a une certaine force qui me fait espérer qu'il en acquerra assez pour être employé avantageusement.

Nous n'avons fait, pour notre laboratoire, ainsi que le recommande M. *Parmentier* de la part de son Excellence, que les dépenses rigoureusement nécessaires. La première est la construction d'un fourneau à huit ouvertures, pour y placer autant de petites bassines; ces bassines sont du mobilier de l'hôpital; comme elles avaient à-peu-près la forme convenable, je les ai utilisées : la chaudière, de la contenance de cent cinquante à cent quatre-vingts litres, appartient à notre tisanerie. Les achats pour ustensiles consistent en cinq tonneaux de cent à cent vingt-cinq litres chaque; cinq cuviers de la même capacité, quatre écumoires, une vingtaine de barils pour contenir le sirop. J'avais fait faire un serpentin, mais il ne nous a été d'aucune utilité; ce sirop s'y refroidissait difficilement : je fais usage, pour y suppléer, de plusieurs de nos couloirs en fer-blanc, à large surface, dans lesquels je verse le sirop chaud, et le mets en contact avec une masse d'eau froide; j'ai pu, par ce moyen, sans beaucoup de peine, refroidir très-promptement les cent cinquante kilogrammes et quelquefois plus de sirop, que nous avons à préparer chaque jour. J'ai voulu que la main-d'œuvre ne coûtât rien; j'y parviendrai en travaillant comme je fais du matin au soir : mes trois collaborateurs, à mon exemple, n'ont pas de repos; notre économe, M. *Delau*, a mis, pour ce qui le concerne, la meilleure volonté, en m'accordant, à quelques heures du jour, après le service des salles, un certain nombre d'infirmiers. Je fais tous mes efforts pour concilier, comme me le dit M. *Parmentier*, et l'économie et la qualité des produits; mes peines ne sont rien, si je suis assez heureux pour atteindre à ce but.

La simplicité d'un atelier monté ainsi de toutes pièces, presque sans dépenses, prouve l'avantage d'un procédé qui peut être mis en pratique généralement par-tout; car de tels moyens, avec lesquels on peut faire de bons sirops, sont sous la main de tout le monde : les appareils compliqués que l'on cumule souvent dans un établissement, paraissent, aux yeux de beaucoup de personnes, de grandes difficultés qui les éloignent d'un travail qu'elles auraient entrepris, s'il avait offert à leur esprit l'idée d'une exécution facile.

Mon sirop, il me semble, Messieurs, n'a presque point

e goût de caramel : il est vrai que depuis quelques mois
j'exerce tellement mon palais sur les sirops, que cet organe, chez moi, par la grande habitude, pourrait bien
être un juge infidèle. M. *Parmentier* observe dans plusieurs
endroits de son ouvrage, que l'action prolongée du calorique paraît y avoir la plus grande part. Je serais bien
étonné qu'on ne dût pas tout lui attribuer.

Il n'y a pas de doute que le goût de caramel ne soit un
effet de l'intensité de la chaleur. Quant à celui de manne,
je pense également qu'on devrait l'attribuer à la même
cause, et le regarder comme un commencement de décomposition qu'éprouve le sirop. Mais quelques essais que
j'ai faits m'ont laissé dans l'incertitude, et ne me per-
mettent pas d'asseoir mon opinion. Je serais disposé à croire
que ce goût est inhérent au raisin ; qu'étant extrêmement
étendu dans le moût, on ne peut l'y reconnaître, ni en déterminer la nature ; qu'il se concentre avec la réduction
du moût, ce qui permet alors de le distinguer ; que le principe qui constitue ce goût est susceptible de se dissiper,
mais seulement à un degré de chaleur tel que celui qui est
appliqué pour notre évaporation rapide. J'ai préparé du
sirop au bain-marie ; ayant opéré sur une petite masse,
il n'a resté que trois heures à-peu-près en contact avec le
calorique. Le sirop que j'ai obtenu n'avait pas de couleur,
mais un goût de manne caractérisé à ne pouvoir s'y méprendre. J'en ai retiré une portion pour me servir à comparer, et j'ai ajouté sur le restant une quantité d'eau suffisante pour pouvoir continuer l'évaporation pendant trois
autres heures : au bout de ce temps, le sirop s'est altéré
dans sa couleur et a pris le goût de caramel ; celui de
manne, soit qu'il ait été dissipé ou masqué, n'était plus
sensible. Il paraîtrait alors qu'au bain-marie on pourrait

avoir un assez beau sirop, mais avec le goût de manne. Je tenterai encore quelques expériences pour m'éclairer à ce sujet.

On sait aussi que dans la même cuite il y a très-souvent une nuance d'une bassine à l'autre, et pour la couleur, et pour le goût, selon que l'évaporation a été plus ou moins brusquée. Tout mon sirop a été évaporé à un feu très-vif.; je m'y suis tellement familiarisé, que je ne crains pas même l'action du feu le plus violent, sur-tout en ayant soin d'agiter continuellement avec l'écumoire : cette manœuvre est pénible, mais elle est indispensable pour s'opposer à ce que le sirop ne monte et ne s'échappe; elle favorise l'évaporation, et, en renouvelant sans cesse ce sirop contre les parois de la bassine, l'empêche de contracter de mauvais goûts et lui conserve sa blancheur. Or, quand l'évaporation est conduite de cette manière, l'odeur qu'elle répand jusqu'à la fin est absolument comparable à celle du petit lait en ébullition lorsqu'elle se fait à feu lent : l'odeur du caramel ne tarde pas à se manifester. J'ai eu l'inconvénient de n'avoir pas de bassines de rechange ; ce qui non-seulement est incommode, mais pourrait être préjudiciable à la qualité du sirop, si l'on n'avait l'attention de les faire laver de temps en temps, pour enlever ce qui peut s'être attaché aux cuites précédentes.

Après avoir terminé mes opérations de sirop, j'ai rempli quelques tonneaux de moût muté pour attendre l'arrivée des froids. J'ai remarqué plusieurs fois, ce qui tient alors à la quantité du soufre en combustion employé pour le mutisme, qu'au moment de la saturation il s'exhalait une odeur d'hydrosulfure extrêmement forte : cette odeur se dissipe peu à peu ; mais elle ne disparaît entièrement que lorsque le sirop a éprouvé l'action du feu. Je ne sais si, sous ce rapport, la congélation du sirop n'offrira pas quelques inconvéniens. J'attendais avec impatience l'arrivée des froids soutenus, pour commencer mes expériences sur la concentration du moût par la gelée; il me tardait de connaître les avantages que l'art retirerait de ce procédé, et s'il pourrait être facilement mis en pratique. J'ai l'honneur de vous communiquer mes observations; j'avoue que, pour mon compte, elles ne me satisfont pas trop.

J'ai amené du moût, il est vrai, à une consistance de vingt-six degrés à l'aréomètre pour les sels; mais il a fallu beaucoup de temps, beaucoup de suc, pour obtenir un petit résultat : parvenu à ce point, si la température est abaissée au degré nécessaire pour pousser plus loin, tout se congèle indistinctement; si elle est plus élevée, tout se refuse également à la congélation. La partie qui se congèle est celle qui est en contact immédiat avec l'atmosphère; elle reste très-sensiblement sucrée dès le commencement même de l'opération; elle cristallise ensuite par couches lamelleuses appliquées horizontalement les unes sur les autres, retenant entre elles beaucoup de suc qui ne découle qu'en partie sur l'égouttoir. Les cristaux de glace que l'on sépare journellement, réunis à la fin, contiennent une quantité de sirop plus considérable que celle qui s'est formée.

En supposant que la dissolution des glaçons, soumise de nouveau à la gelée, pût encore fournir du sirop, il faut des conditions qu'on ne rencontrera pas toujours; il faut être secondé par le froid, dont la durée non interrompue puisse permettre de recommencer et suivre une manœuvre aussi longue. Dans le cas contraire, ce moût saturé n'est plus susceptible de se conserver; et si l'on veut attendre

le retour d'une température propice, il contracte infailliblement du mauvais goût.

En admettant que tout ait été favorable, nous n'avons
que du sirop à vingt-six degrés; à trente même, ce terme
n'est pas encore celui qui puisse assurer sa conservation :
on est donc obligé, pour achever, d'avoir recours au feu,
dont l'action est la plus à craindre quand le sirop est déjà
arrivé à une certaine consistance ; c'est dans ces momens
qu'il se caramélise. Quel avantage alors d'avoir entrepris
une manipulation subordonnée à tant de circonstances!
L'économie du combustible ne peut être mise en com-
pensation avec tous ces inconvéniens, auxquels il faut
ajouter les pertes inévitables qui ont lieu par la nécessité
de transvider continuellement la quantité considérable de
suc, dont on ne peut tirer parti qu'en la livrant à la fermentation pour en retirer de l'alcool; opération qui, dans
cette saison froide, exige l'entretien d'une température
artificielle dont la dépense doit entrer en ligne de compte.
Il n'y a pas de doute que le produit en sirop est infiniment moindre; le retrouver en alcool n'est pas une économie.

Voici ce que j'ai pu constater relativement à la qualité.

Le sirop à vingt-six degrés que j'ai obtenu (une plus
forte consistance n'y apporterait, je pense, aucun changement sous ce rapport), n'a pas le goût de caramel; mais il
est loin d'être meilleur que le sirop préparé par l'évaporation
au feu. Il conserve ce goût inhérent à la nature du raisin,
et en retient en outre d'autres qui sont communiqués au
moût par les substances employées pour muter et saturer.
L'action d'un feu vif fait disparaître tous ces goûts, qui se
trouvent remplacés par celui de caramel, d'autant moins
désagréable que, par une bonne manipulation, il se fait

très-légèrement sentir, et que d'ailleurs nous le trouvons et le recherchons même souvent dans plusieurs objets de sucrerie.

Quelles que soient les combinaisons qui ont lieu dans la saturation, ce qui est bien positif et constant, c'est que le moût saturé a toujours un arrière-goût qui nuirait essentiellement à la qualité du sirop, s'il persistait, et que la chaleur vive appliquée pour l'évaporation détruit ce goût, ou du moins l'atténue au point de le rendre presque insensible; tandis que, dans le sirop préparé par la gelée, on le trouve toujours, même plus fortement prononcé à mesure qu'il se rapproche.

Je présume que la même cause qui s'oppose à la cristallisation du sucre contenu dans le moût, met également obstacle à son rapprochement, par la gelée, à l'état de sirop. Les eaux salées se concentrent par le froid, sans que la glace qui se forme conserve aucun caractère des sels en dissolution; cette concentration n'a lieu, je crois, qu'en raison de la faculté qu'ont les sels dissous de cristalliser, et la propriété qu'a le froid de hâter cette cristallisation, en enlevant le principe de la chaleur, qui, par sa force répulsive, s'opposait à la cohésion des molécules : mais, dans le moût, la matière sucrée en état d'extrême division, n'est pas assez isolée; elle se trouve toujours embarrassée de parties muqueuses desquelles on n'est pas encore parvenu à le priver totalement; de sorte que, malgré la soustraction du calorique qui, dans un liquide doué d'une grande ténuité, la livrerait à sa propre pesanteur, dans ce cas - ci la laisse suspendue au point qu'elle ne peut se précipiter ni se réunir, pour abandonner l'eau seule à l'action du froid.

Telles sont les observations que j'ai pu recueillir. Elles

ne sont pas conformes à notre attente : il est peut-être quelques circonstances, que je ne prévois pas, qui m'ont empêché d'atteindre le même but que mon collègue *Astier*. Peut-être le moût qu'il a employé, muté par l'oxide rouge de mercure, apporte-t-il des modifications qui sont la cause de cette différence ; j'aurais de la peine néanmoins à me déterminer à user de ce moyen pour le mutisme. Les acides végétaux doivent agir sur les oxides mercuriels, et la décomposition que ces combinaisons peuvent éprouver par l'addition des substances calcaires nécessaires à la saturation, ne sera pas un motif suffisant pour m'inspirer de la confiance. Le muriate de mercure suroxigéné possède de même, à un degré très-éminent, la propriété de préserver de la corruption les sucs mucilagineux : j'ai eu occasion d'observer, dans notre service, qu'une dose de liqueur antivénérienne du formulaire, évaluée à la huitième partie d'un grain de sublimé, dans six onces de décoction de guimauve, conserve le liquide très-long-temps, sans la moindre altération, au milieu des chaleurs les plus fortes ; tandis que la même décoction, sans mélange, dans la même saison, se trouble, se dénature en quelques heures.

Je n'en applaudis pas moins à l'idée de mon collègue *Astier*, pharmacien-major à Alexandrie, qui a fait aussi d'excellent sirop, et qui a proposé un des premiers d'appliquer la congélation à l'évaporation du moût : néanmoins mon opinion est formée à ce sujet, et je pense que toute notre attention doit se tourner vers les procédés de M. *Parmentier*. La marche tracée dans sa dernière instruction m'a paru, par l'expérience, avoir un degré de perfection qui ne réclamerait pas de grands changemens dans une nouvelle édition ; il a établi des faits principaux, des vérités incontestables.

incontestables, dont il ne faut pas s'écarter si l'on veut réussir: s'il est quelques modifications dans la pratique, l'usage aura bientôt éclairé le praticien à cet égard.

Il existe dans le ci-devant Piémont une espèce de raisin très-précoce et très-sucrée, qui a atteint sa parfaite maturité dans le commencement d'août; c'est celui dont on forme toutes les treilles; on le nomme *Legnengha*; il faut se hâter de le cueillir. C'est avec cette espèce, et d'autres à-peu-près analogues, que j'ai fait les expériences d'après lesquelles M. *Parmentier* m'a désigné à l'administration pour être chargé de la préparation en grand du sirop de raisins destiné à être expédié dans les établissemens hospitaliers. Le vœu de ce savant est même que le Gouvernement établisse ici une fabrique spéciale qui aurait l'avantage d'approvisionner à très-bas prix les hôpitaux militaires, maritimes et civils, ce qui formerait une concurrence et une émulation utiles à l'intérêt public.

La prédiction de M. *Parmentier* s'accomplit : on fera du sirop de raisins d'une extrémité à l'autre de l'Empire ; mais ce ne sera que le midi de la France qui pourra en approvisionner l'Europe, sur-tout quand les transports pourront s'en faire par terre et par mer, et que, pour obtenir ce supplément du sucre des colonies, la main-d'œuvre sera à un taux relatif à celui des denrées premières.

Quels services importans le créateur de cet art nouveau n'a-t-il pas déjà rendus à la société ! Combien ses droits à la reconnaissance publique seront grands, si, comme on peut l'espérer, le sucre de raisins se perfectionne au point de se trouver dans le commerce en parallèle avec celui de canne ! C'est au sirop qu'on en aura l'obligation ; car sans lui il ne serait plus question du sucre de raisins :

c'est la préparation du sirop qui a remis sur la voie des recherches, et a fait entrevoir la probabilité d'obtenir un produit qui jusqu'alors avait été l'objet des tentatives inutiles de tant de savans.

Les mauvaises vendanges doivent nécessairement influer sur la conservation des sirops. Quoique l'opération du mutisme sépare généralement toutes les parties muqueuses et extractives surabondantes du moût, quel que soit le degré de maturité du raisin qui l'a produit, il ne conserve pas moins cette portion inattaquable qui, dans la consistance du sirop, occupe la place de la matière sucrée. Un autre inconvénient du sirop préparé avec du moût provenant de raisins peu mûrs, est de diminuer considérablement de consistance après sa confection : plus abondant en tartre, il se forme dans la saturation une plus grande quantité de sels, de sorte que du sirop qui, le jour de sa préparation, avait une pesanteur spécifique de 36 degrés, un mois ou deux après, lorsqu'il a bien déposé, ne marque plus que 33 ou 32, selon le raisin employé : je dis un mois ou deux, car ce n'est qu'après un long repos que l'on peut considérer les sirops comme achevés et parfaits. Non-seulement il faut du temps pour la formation des sels, mais il en faut beaucoup aussi pour leur précipitation, qui ne peut s'opérer que très-lentement dans un liquide qui leur présente une résistance proportionnée à sa densité. On pourrait abréger ce temps, en les séparant par la filtration dans de grandes chausses de laine : ce moyen m'a été suggéré par mon collègue *Astier*.

Je ne puis assez vous répéter, Messieurs, combien je suis loin de penser que j'aie obtenu un succès complet; mais, instruit par l'expérience de cette année, mettant à profit quelques observations que l'on a toujours occasion de recueillir dans la pratique, j'ai conçu la possibilité de faire mieux. C'est dans cette espérance que je redoublerai mes efforts pour y parvenir.

CONFITURES DE RAISINS.

Avant que le sucre fût, parmi nous, aussi commun qu'il l'est devenu depuis la découverte du Nouveau-Monde, quoique transporté dans cette partie du globe, on faisait des confitures au miel et au moût pour toutes les classes de la société : leur consistance variait ; il y en avait de molles et de sèches, &c.

Ce ne sont pas seulement les raisins de caisse qui forment la provision d'hiver pour le dessert ; on fait sécher encore d'autres fruits pour en prolonger la jouissance : les pommes, les poires, les cerises, les prunes, les abricots, les pêches, étant privés de leur eau de végétation, sont encore d'une grande ressource dans quelques cantons. Les habitans de la haute Égypte font dessécher la chair des dattes, dont ils réunissent les morceaux en masses, qui présentent dans leur cassure l'aspect du fromage de cochon ; le débit en est grand au Kaire. Les Français les trouvaient fort bonnes ; mais ils préféraient les dattes isolées, vu que cette confiture ne leur paraissait point avoir été préparée avec une grande propreté.

La seule confiture de raisins qui se soit conservée jusqu'à nous, et dont l'usage devrait être plus généralisé, c'est le *raisiné*, c'est-à-dire, le suc du raisin évaporé et épaissi à la consistance d'extrait, ou mélangé avec d'autres fruits à pepins et à noyaux.

On peut se servir indifféremment, pour la confection du raisiné, de toute sorte de raisins, des raisins rouges comme des raisins blancs, pourvu que ce soient toujours les plus sucrés et les moins abondans en tartre. Peut-être en existe-t-il partout de plus propres les uns que les autres pour cet objet : le raisin *bonarda* est celui dont on fait le plus d'usage en Italie, et sur-tout dans le ci-devant Piémont.

RAISINÉ. Sa préparation est d'autant plus essentielle, que les fruits à pepins et à noyaux manquent quelquefois, et que souvent la ménagère la plus diligente ne peut s'occuper, pour l'hiver, de sa provision de marmelades et de gelées. Or, si la vendange est bonne, elle peut trouver dans le raisin de quoi suppléer toutes les confitures, en suivant cependant un procédé moins défectueux que celui dont elle se sert ordinairement, et pour l'exécution duquel nous allons proposer quelques réformes.

Les unes prennent tout simplement du moût de

la cuve ; c'est quelquefois après qu'il a déjà contracté un caractère vineux : les autres ne brusquent pas assez le feu dès le début de l'opération , et n'ont pas le soin de remuer vers la fin de la cuisson. Alors la matière s'attache au fond du vaisseau , contracte une couleur rembrunie, désagréable à la vue , et un goût de brûlé qu'il est impossible ensuite de masquer par aucun moyen. Enfin il y en a qui emploient un procédé encore plus défectueux ; nous l'avions d'abord adopté, et c'est pour l'avoir mis en pratique qu'il nous a été facile d'en reconnaître les inconvéniens : il consiste à exposer le raisin mondé et égrappé dans un chaudron au feu, jusqu'à ce que le grain dilaté crève et épanche le liquide qu'il renferme. Mais qu'arrive-t-il ? le moût, ainsi exprimé, agit à la manière des dissolvans composés sur les pepins et la peau des raisins ; il en extrait une matière acerbe qui diminue d'autant la saveur sucrée, et devient un obstacle à ce que la liqueur passe à travers le tamis.

Que les ménagères se persuadent bien que le moût le plus sucré est celui qui contient le moins d'eau et demande à rester le moins de temps au feu ; qu'elles doivent toujours le préparer à part avec le raisin le plus mûr, sans le concours du feu, de l'égrappage, du foulage et d'une forte expression ; qu'il est avantageux de maintenir l'éva-

poration au même degré, sans augmenter ni diminuer la chaleur. Il en est de ce point de cuisson
comme de celui des autres confitures ; ce n'est que
par un grand usage qu'on parvient à le saisir :
s'il est porté trop loin , non-seulement on perd
beaucoup sur la quantité du produit, mais il est
encore moins agréable ; s'il n'est pas suffisamment
cuit, à peine peut-il se conserver pendant une
année.

La nature des vaisseaux dont on se sert pour la
confection des raisinés, ainsi que leur forme, méritent aussi quelque considération : il ne faut jamais y employer que des vases de cuivre rouge
parfaitement étamés, afin d'empêcher que la liqueur plus ou moins acide n'exerce une action
sur le métal, et n'en dissolve quelques parcelles.
Le sénateur comte *Chaptal* nous a assuré avoir
vu , à Montpellier, mettre des clefs dans le chaudron pendant la cuisson du raisiné ; elles étaient
toutes rouges quand on les en retirait. Cette précaution est facile à employer par-tout ; mais c'est
ici que la bassine indiquée lors de la préparation
des sirops, devrait être substituée au chaudron ;
nous en avons dit les raisons.

Une autre précaution sur laquelle nous appe-
lons encore l'attention de la ménagère, c'est de
faire en sorte que le vaisseau dont elle se servira

pour la confection du raisiné, soit plus évasé que profond, de n'y laisser jamais séjourner le raisiné, et, dès qu'une fois il a atteint le degré de cuisson convenable, de se hâter de le retirer du feu, de le verser dans des pots de terre non vernissés ; de le recouvrir, quand il est parfaitement refroidi, d'un papier imbibé d'eau-de-vie, et, par-dessus, d'un parchemin mouillé ; enfin, de placer ces pots dans un lieu frais, à l'abri de l'humidité de l'air. Ces observations générales sont absolument applicables aux sirops et conserves de raisins.

PRÉPARATION DU RAISINÉ. Elle varie suivant les climats, la qualité des raisins et le goût des consommateurs : dans la Pouille, par exemple, lorsque le raisiné est évaporé aux deux tiers, on y ajoute quelques cuillerées d'alcool, on l'agite, on le coule dans des moules de papier huilé, et on l'expose pendant quelques jours à une chaleur de vingt-huit à trente degrés, dans une étuve ou au four ; il prend alors une consistance qui le rend susceptible de souffrir le transport sans se déformer.

Le raisiné, à Montpellier, jouit de beaucoup de réputation. Pour le fabriquer, on se sert indistinctement de toutes les espèces de raisins, et plus communément du raisin blanc qu'on nomme *espirau*. On y fait entrer ordinairement des aromates ; les plus usités sont ceux de citron et de cédras, que l'on enlève en râpant du sucre sur l'écorce , et qu'on ajoute à la confiture dès qu'on l'a retirée du feu. En Italie, ce sont ces mêmes fruits confits et divisés par lanières. Il faut seulement prendre garde que leur saveur n'y domine , et c'est souvent à quoi on ne pense pas ; quand l'objet est à bon compte, on force toujours la dose de celui qui coûte le moins, quel qu'en soit l'effet.

CHOIX DES FRUITS POUR LA CONFECTION DU RAISINÉ. Les raisinés préparés avec les raisins des contrées les plus méridionales de l'Europe, sont par eux-mêmes, et sans aucune addition, une confiture agréable, à cause de l'acide modéré qui en relève la douceur ; mais dans les climats les moins favorables à la production de la matière sucrante, l'excès d'acide rendrait le raisin âpre, agaçant, et même amer, si on ne le tempérait par le mélange des fruits à pepins et à noyaux, dont la pulpe abondante en muqueux adoucit ces sortes de préparations : ce n'est donc pas seulement pour donner du corps au raisiné qu'on y associe des fruits ; il en résulte encore une combinaison qui forme un tout meilleur et plus économique.

Parmi ces fruits, il faut d'abord compter les poires et les coings, puis les pommes, enfin les prunes ; mais il convient qu'ils soient âpres et austères : le *bouvard,* le *martin-sec,* le *franc-réal,* le *bon-chrétien d'hiver*, la *lampe*, le *messire-jean*, la *poire de rousselet*, s'allient très-bien avec les principes du moût, et forment, par la combinaison et la cuisson, beaucoup de matière sucrée.

Mais comme ces espèces de fruits n'existent pas toujours en quantité suffisante dans les cantons où leur concours devient précisément utile à la perfection du raisiné, on pourrait y employer séparément la *poire de vigne*, le *catillac*, le *grossin*, et en général tous les fruits plus acerbes que doux, plus propres à faire des compotes et des boissons vineuses, qu'à étaler en substance sur nos tables comme fruits de dessert.

La préparation du raisiné fournit encore l'occasion de tirer parti des fruits abattus et tombés avant la maturité; il n'est question ensuite que de les ramasser avec soin, de nettoyer les véreux, de les cuire, et d'étendre ceux qui sont sains sur la paille, où ils perdent, en attendant le moment de les employer, une partie de leur âpreté, et s'adoucissent. Si la vendange est encore éloignée, il faut les éplucher et les cuire en marmelade, pour les mêler après cela dans la bassine avec le moût concentré, lors de la préparation du raisiné.

Les propriétaires de grands vergers pourraient, en les parcourant souvent, trouver sous les arbres une grande partie des fruits piqués de vers, et en faire, au moyen d'une râpe, le cidre et le poiré doux nécessaires aux marmelades et aux ratafias. La ménagère doit aussi, à mesure qu'elle visite son fruitier, en rapporter les pommes et les poires qui, tachées, se gâteraient bientôt et gâteraient les autres, si on ne se hâtait de les séparer et de leur donner cette destination économique.

Les fruits à couteau, c'est-à-dire, les fruits cultivés pour la table, doués d'une pulpe mollasse et d'un suc doux, parvenus à une parfaite maturité, sont moins propres à la confection du raisiné : ils perdent, par leur mélange avec le moût et pendant la cuisson, les avantages qu'ils avaient étant crus, et paraissent plutôt décomposés que perfectionnés. Ainsi, quand on n'a pas d'autres ressources que les fruits de cette espèce, il vaut mieux s'en tenir au raisiné simple, ou avoir soin de les cueillir avant la maturité entière, pour les raisons mentionnées plus haut.

Les poires, les pommes et les prunes ne servent pas toujours de base au raisiné composé ; on y introduit encore le potiron, les côtes de melons qui n'ont pas mûri sur pied, les racines potagères les plus sucrées, telles que les carottes et les panais : ce raisiné, à la vérité, d'une qualité très-inférieure, n'est passable qu'au midi, à cause de la qualité du raisin.

APPROPRIATION DES FRUITS POUR LE RAISINÉ.
Ce n'est pas le tout de s'être procuré un moût bien conditionné; il faut, quand il s'agit d'y introduire les fruits, les approprier en les épluchant, les nettoyant, les mondant de leurs peaux, de leurs pepins, de leurs noyaux et de leurs cœurs; éviter de se servir des poires qui sont, comme on dit, pierreuses, c'est - à - dire, abondantes en petits corps solides qu'on n'aime point à rencontrer sous la dent; les diviser par quartiers, et ne les ajouter à la liqueur que quand elle a été amenée par l'évaporation à une consistance requise. On doit encore en déterminer les proportions et les régler sur les ressources locales : lorsqu'on a beaucoup de raisins et peu de fruits, ces derniers peuvent entrer pour un tiers ou pour un quart dans le raisiné composé; dans le cas contraire, en former la moitié. C'est d'ailleurs à la ménagère à consulter sa provision.

PROCÉDÉS DIVERS POUR PRÉPARER LE RAISINÉ.
On peut se servir indistinctement de toute espèce de raisin, et former deux classes particulières de confitures, le raisiné simple et le raisiné composé; celui qu'on prépare au midi n'a pas besoin d'être réduit et cuit autant que celui du nord : le premier contient, toutes choses égales d'ailleurs, moins d'eau, de tartre et d'extrait, mais plus de matière sucrante;

il est par conséquent d'une pesanteur spécifique plus considérable.

Premier procédé. On prend vingt-quatre pintes [litres] de moût, et l'on en met la moitié dans la bassine, qu'on ne perd plus de vue; on établit promptement le bouillon, qu'on abaisse en ajoutant peu à peu l'autre moitié; après quoi on écume à diverses reprises, et l'on passe à travers une toile serrée.

On remet de nouveau au feu, et l'on continue l'évaporation, en remuant sans discontinuer avec une spatule de bois à long manche, jusqu'à ce qu'il ait acquis une consistance convenable, ce que l'on reconnaît en le versant chaud sur une assiette. Il parvient, en se refroidissant, à l'état d'une gelée de fruit; ce raisiné, en effet, ressemble plus à une gelée qu'à une marmelade.

Raisiné composé du midi. — *Deuxième procédé.* Quand le moût est réduit à la moitié de ce qu'on en a employé, qu'il a été suffisamment écumé, on le passe aussitôt à travers une toile, et on met dans la bassine les fruits épluchés et coupés par quartiers, en versant par-dessus la liqueur; elle se décuit au premier bouillon, et prend la fluidité nécessaire pour favoriser son action sur les fruits, opérer leur ramollissement, leur combinaison et leur disparition dans la masse totale, de manière à n'en plus former qu'une marmelade égale et homogène. Il faut remuer et agiter continuellement, en modérant le feu vers la fin. On reconnaît qu'elle est cuite, lorsqu'en en mettant gros comme une noix sur une assiette de faïence ou de terre vernissée, elle ne s'aplatit pas trop, et sur-tout quand elle ne laisse plus dissiper d'humidité qui marque autour une espèce d'auréole.

Cette manière d'incorporer les fruits au raisiné réussit à souhait; mais quand on a été forcé de les cuire à part, et de les réduire à l'état de pulpe, on ne doit les ajouter que quand le moût a acquis encore plus de consistance.

Raisiné simple du nord. — Premier procédé. Dès que les vingt-quatre pintes de moût sont réduites aux deux tiers par l'évaporation, et qu'on a écumé, on ôte la bassine du feu, et l'on distribue la liqueur bouillante dans des terrines non vernissées, et évasées; on la laisse ainsi en repos deux fois vingt-quatre heures dans un lieu frais.

Elle se recouvre, à sa surface, d'une liqueur saline qu'il ne faut pas briser, mais enlever au moyen d'une écumoire, attendu qu'elle n'est formée que de cristaux de tartre, dont la séparation est un moyen certain de diminuer l'acidité trop marquée de la confiture, et d'augmenter la puissance du sucre. Cette précaution, nécessaire dans les cantons septentrionaux, sur - tout pour certaines années, est absolument inutile au midi, où la présence du tartre devient essentielle pour affaiblir la saveur trop sucrée du raisiné ; c'est ce qui fait qu'on est obligé d'y ajouter quelquefois des aromates, pour en relever la douceur.

Le moût rapproché, et passé à travers un linge clair, étant dépouillé d'une partie de son tartre, décanté et remis au feu, on procède de nouveau à son évaporation, en remuant sans cesse, principalement quand le terme de la cuisson approche. Le raisiné est cuit, lorsqu'après avoir été mis à refroidir, il se prend comme une gelée.

Raisiné composé du nord. — *Deuxième procédé.* Le moût une fois rapproché, et débarrassé d'une partie de son tartre surabondant, comme nous venons de l'indiquer, étant remis au feu avec les fruits, on fait cuire le tout, en suivant ponctuellement le procédé du raisiné composé au nord, et en observant de lui donner toujours plus de consistance qu'à celui du midi.

Raisiné composé du nord. — *Troisième procédé.* Le procédé d'après lequel nous indiquons aux ménagères des vignobles du nord de faire leur raisiné en deux temps, afin d'enlever au raisin une certaine quantité de tartre, ne donne pas encore au sucre la faculté de se développer davantage.

Ces fruits sont quelquefois si acides, que la confiture ne serait pas supportable, si elle n'était adoucie au moyen d'une matière sucrée. Il y a différentes manières pour y parvenir : en y mêlant soit du sirop doux de raisins, soit de la conserve et du raisiné du midi. Enfin, nous supposons qu'elles n'aient pas d'autres ressources que leurs raisins abondans en tartre ; elles pourraient, après avoir ajouté de la craie pour absorber et neutraliser les acides, réduire le moût jusqu'à la consistance de sirop, y ajouter alors les fruits, et continuer la cuisson en suivant le même mode que pour les autres recettes de raisiné.

Caractères d'un bon raisiné. Cette confiture est de bonne qualité, quand elle est douce, moelleuse, légèrement acerbe, ayant la consistance d'un miel grenu.

Elle est moins agréable au goût et à l'œil, quand on a négligé de remuer vers la fin de la cuisson, et que le feu a été poussé trop loin ; sa surface alors se recouvre bientôt d'une croûte grisâtre qui n'est autre chose que des cristaux de sucre entremêlés de tartre. Il s'en sépare au contraire un sirop, et le dessus se moisit quand l'évaporation n'a pas été poussée assez loin.

Il est toujours un peu âpre au goût, dès qu'il est préparé avec des raisins gorgés de matière

extracto - résineuse colorante, comme le bourgui-
gnon noir, le teinturier, &c. ; tandis que celui qui
est fait avec des raisins peu colorés parfaitement
mûrs, plus sucrés que tartareux, est assez constamment d'un goût agréable. Le premier cependant se
conserve moins bien ; il paraît que le principe acerbe
dont il abonde le garantit de la fermentation.

Nous avons été à même de vérifier le raisiné
du midi, et de le comparer à celui qu'on prépare
en divers cantons de la Bourgogne : s'il fallait prononcer entre les deux qualités, nous ne balance-
rions pas de donner la préférence au dernier.
L'un, à la vérité, est plus sucré, mais il a trop de
parfum ; l'autre est plus agréable. Il me semble que
dans celui-ci le mucoso-sucré et le tartre se trouvent dans des proportions plus convenables, l'extractif mieux fondu, d'où résulte une confiture
plus homogène. En mêlant ces deux raisinés, on
pourrait les bonifier l'un par l'autre.

Le prix modique auquel se vend communément
le raisiné, même dans les cantons les plus éloignés des vignobles, n'a pu le soustraire à l'industrie punissable des falsificateurs, lorsque les fruits
manquent et qu'ils sont chers ; ils ont imaginé
alors de les suppléer par une autre composition
qu'ils font des miels communs, de la mélasse, des
figues, des poires tapées, des pruneaux détériorés,

des

des raisins secs; tous fruits restant de la provision de l'hiver. Ils les cuisent et les réduisent à l'état de pulpe, en les mêlant ensuite avec environ un tiers de véritable raisiné. Pour déceler la fraude, il suffit de délayer dans l'eau le raisiné suspect.

CONSERVATION DU RAISINÉ. Le raisiné dégénère insensiblement par l'oubli de toutes les précautions indiquées, c'est-à-dire qu'il s'épaissit ou se ramollit à raison du degré de cuisson ou de quelques circonstances atmosphériques. Cependant on peut le rétablir dans son premier état, et lui restituer l'apparence marchande qu'il doit avoir dans le commerce.

Le meilleur moyen, en supposant que l'on soit en temps de vendange, consiste à ajouter à celui qui s'est grumelé, assez de moût pour le liquéfier, à l'exposer à une chaleur modérée, à remuer continuellement, et à le verser dans un pot bien nettoyé et séché, puis à le couvrir d'un parchemin.

Dans le second cas, on enlève l'efflorescence de celui qui s'est décuit, on l'expose à la même chaleur, en l'agitant sans discontinuer pour le concentrer. C'est ainsi qu'il est possible de rajeunir la provision de raisiné, et de la mettre en état de se conserver encore une année.

La conservation du raisiné dépend, au reste,

de la manière dont on a opéré , de la qualité du moût employé, et de l'influence des localités.

COMMERCE DE RAISINÉ. Celui du midi de la France, connu sous le nom de *confiture des campagnes* , est tres-recherché dans les pays du nord; on en embarquait même anciennement pour les colonies. Il serait possible d'augmenter cette branche de commerce beaucoup au-delà de ce qu'elle est aujourd'hui , si l'objet en était plus perfectionné.

Il n'est pas douteux que les habitans des contrées septentrionales consommeraient plus de raisiné qu'ils ne font, si, pour l'améliorer, ils n'étaient pas obligés d'employer une certaine quantité de cassonade ou de miel , pour masquer le caractère trop âpre et trop acide de celui qu'ils préparent avec les raisins de leurs vignes. Il est de leur intérêt de se bien convaincre qu'ils peuvent, au moyen du procédé qui leur est indiqué , l'avoir constamment bon , sans recourir à cette addition , impraticable d'ailleurs dans ce moment, à cause du haut prix du sucre.

Les principaux magasins de cette denrée sont à Marseille , à Cette et à Montpellier. Les négocians de la première de ces places ont, dans diverses contrées de l'Italie , des préposés qui la recherchent et la leur font parvenir. Ils sont obligés de se servir de ce moyen, parce qu'il n'existe point d'ateliers pour fabriquer en grand le raisiné, et qu'il faut l'acheter ou chez les particuliers qui le préparent pour leur consommation, et en font un peu plus afin de trouver dans la masse du superflu le remboursement de leurs frais, ou chez les propriétaires, qui n'emploient, pour le faire, qu'une petite partie de leur récolte. Aussi existe-t-il, dans le même canton, de la différence dans le goût et l'homogénéité des raisinés faits à part par tant de mains et de procédés différens.

Indépendamment de l'excellent raisiné que l'on prépare dans les contrées méridionales, et dont on fait un commerce assez considérable, il s'en fabrique encore d'autres dans les contrées placées entre le midi et le nord. Ces raisinés, il est vrai, n'ont pas la même réputation; mais quand ils sont préparés dans les bonnes années, avec un raisin qui a acquis une maturité extraordinaire, ils ne sont pas plus à dédaigner, et les personnes peu aisées s'en régalent volontiers. Tels sont ceux qui proviennent du ci-devant Rouergue et de la Bourgogne.

Dans les départemens de l'Yonne et du Loiret, on prépare la presque totalité du raisiné qui se consomme à Paris. Quand l'année est abondante en fruits, le seul canton de Courtenay en débite depuis six cents jusqu'à mille quarts de cent cinquante à deux cents livres, dont la valeur est de 3 ou 400,000 francs.

On a remarqué, dans la partie de la Champagne qui confine à la Bourgogne, lorsque les vignerons, principalement leurs femmes et leurs filles, ont fait le raisiné, qu'elles le portent, après la vendange, dans des pots de terre, aux épiciers des villes, qui l'achètent en gros et le vendent ensuite en détail. Les habitans de la Marne, de l'Aube, de la Meuse, de la Meurthe, malgré la latitude où ils se trouvent, pourraient, à la faveur des procédés que nous avons indiqués, améliorer la confiture dont il s'agit, et en rendre l'usage plus général.

PRIX DU RAISINÉ. Celui de Bourgogne coûte, à Paris, 40 à 50 centimes la livre ; mais ce prix varie suivant la qualité du raisiné, la rareté ou l'abondance des fruits qui forment les élémens de sa composition. Il ne valait autrefois, dans ces contrées, que 17 francs le quintal ; mais aujourd'hui il est augmenté du double. Il paraît naturel de savoir à quoi s'en tenir sur ce point ; mais comment y satisfaire, avant de connaître la qualité du raisin employé, ce qu'il vaut, soit au midi, soit au nord, le prix du combustible, qui forme la dépense la plus considérable qu'entraînent ces préparations, à quel taux est la main-d'œuvre ? Ce sont toutes ces incertitudes qui nous font négliger d'offrir les tableaux des résultats sur lesquels on pourrait compter.

Usage du raisiné. Il s'est maintenu, même au nord de la France, où il est d'une qualité inférieure à celui du midi. Cette confiture est encore la moins chère qu'une famille nombreuse puisse se procurer pendant l'hiver ; les enfans ne s'en lassent jamais à tous les repas. Elle est aussi d'une grande ressource dans les hospices civils, où il s'agit de donner aux convalescens et aux vieillards quelques douceurs qui réveillent leurs organes.

Ce déjeûner, n'en doutons pas, serait infiniment plus salutaire et plus économique que celui de nos femmes de marché, qui ont perdu, par l'usage immodéré du café au lait, ce teint fleuri et de bonne santé qui les caractérisait lorsqu'elles se contentaient d'un déjeûner plus substantiel, plus analogue à leurs facultés et à leurs occupations habituelles. Nous rapporterons à cette occasion une remarque de M. *Virey*, qui a jeté un coup-d'œil philosophique sur l'usage de plusieurs substances étrangères dans nos alimens et nos boissons.

« Il serait digne d'un observateur, dit ce jeune et savant naturaliste, d'examiner quelle influence exerce sur la santé et la vie le genre de nourriture des modernes , comparé à celui des anciens, qui ne connaissaient ni le café, ni le thé, ni le sucre, ni l'eau-de-vie et ses diverses préparations, ni même le tabac, l'ipécacuanha, le **quinquina**, et bien d'autres substances usitées en médecine. Il me semble que les festins de *Lucullus*, de *Marc-Antoine*, d'*Apicius*, de *Vitellius* et d'*Héliogabale*, sans ces productions des deux Indes, ne le cédaient en rien aux plus splendides repas des modernes ; qu'on n'était ni moins sain ni moins raffiné dans ces anciens temps qu'on ne l'est aujourd'hui ; qu'on pouvait y vivre heureux des seuls dons que la nature offrait dans nos contrées. Je ne vois pas que *Platon* ou *Homère*, *Cicéron* ou *Virgile* eussent besoin de café pour échauffer leur génie ; il est même douteux que les plus grands esprits du siècle de *Louis XIV* en fissent un usage habituel. N'est-ce point, au contraire, à son emploi journalier qu'on attribue la multiplication des maladies nerveuses , ainsi que diverses affections catarrhales à l'usage trop fréquent du thé et des sucreries ! En nous habituant aux productions des climats éloignés , n'appelons-nous pas aussi les maladies qui en résultent ! Ces maux étrangers s'acclimatent parmi nous , mais non pas leurs remèdes ; de sorte que nous augmentons notre dépendance , en agrandissant nos plaisirs et nos besoins. »

L'usage du raisiné est très-répandu en Italie ; chaque ménage en fait sa provision sous le nom de *mostarda* ; on le sert sur la table des gens aisés, seul ou mêlé avec les viandes. Les habitans de la campagne l'étendent sur des tranches de polenta ou bouillie de maïs, cuite à l'eau en consistance solide, et en font leur nourriture journalière. Comme le raisiné simple du midi ne diffère de la conserve qu'en ce qu'elle est déjà parfumée pour paraître en qualité de confiture, on pourrait, à défaut de la première, lui donner la même destination, l'employer à la cuve en fermentation, ou dans quelques compositions pharmaceutiques.

M. *Saxe*, membre du conseil de santé des armées du roi des Deux-Siciles, dans son Instruction sur la préparation du sirop de raisins, qui vient de paraître à Naples sous les auspices du Gouvernement, en fait aussi d'utiles applications à l'art du confiseur, dont les opérations consomment tant de sucre.

SIROPS, COMPOTES, MARMELADES ET GELÉES PRÉPARÉS AVEC LES FRUITS À PEPINS, À NOYAUX, ET LES RACINES POTAGÈRES.

Le raisiné, dont la préparation vient de nous occuper, est encore aujourd'hui du goût de toutes les classes de la société, et tellement recherché,

que, dans les cantons les plus éloignés des vignobles, leurs habitans font une confiture analogue
et économique, à laquelle ils donnent le même
nom, et qui a pour véhicule, au lieu de moût de
raisins, le suc de pommes et de poires récemment
exprimé et dépuré, c'est-à-dire, le poiré et le
cidre doux, qui, après le vin, fournissent les meilleures boissons vineuses.

J'ai dit précédemment que MM. *Bernard*, de
Béziers, avaient eu l'idée d'appliquer les sirops
doux et acides de raisins à tous les fruits à pepins et
à noyaux, dont on prépare sur les lieux des marmelades, des gelées et d'autres confitures avec le
sucre de canne. M. *Limouzin*, pharmacien à Alby,
s'est occupé des mêmes essais et avec le même
succès.

Mais il serait à desirer que les ménagères des
pays à cidre préparassent elles-mêmes (comme nous
l'avons recommandé, pour le moût, aux plus intel-
ligentes d'entre elles qui habitent les cantons vignobles) le suc de pommes et de poires, avec les fruits
qu'on y consacre habituellement, d'autant mieux
qu'elles pourraient, pendant cinq à six mois de
l'année, faire les confitures de cette espèce; tandis
que la vendange laisse à peine une semaine pour
compléter l'opération.

Nous avons apprécié les avantages du moût

réduit à moitié , et séparé par conséquent d'une grande partie du tartre qu'il contient lorsqu'on l'ajoute à la cuve en fermentation : le suc de pommes et de poires , évaporé insensiblement jusqu'à la moitié de la liqueur , et employé de la même manière , donnerait également un cidre plus coloré , plus généreux , et moins susceptible de s'altérer.

C'est par un semblable moyen , qu'en 1773, *Dambournay*, mon honorable collègue et mon ami , avait accéléré la fermentation du cidre dans une circonstance où la saison n'avait pas été favorable à la maturité des pommes , en versant dans chaque cuve dix pots de suc doux amené par l'évaporation à la consistance sirupeuse : mais qu'on se donne bien de garde de recourir à ce moyen dans les mauvaises vendanges , car le remède serait pire que le mal.

Une autre pratique , dont l'utilité est connue dans tous les départemens à cidre , c'est de n'écraser les pommes , qu'on est toujours obligé de récolter avant leur parfaite maturité , que dix à douze jours après les avoir abattues ; pendant ce temps on a soin de les laisser dans de grandes mannes ou à la surface de la terre , sur des lits de paille , d'où l'on obtient par ce moyen un moût plus-sucré , qui fermente plus promptement et fournit une liqueur vineuse qui se conserve aussi plus long-temps.

Sɪʀᴏᴘs ᴅᴇ ᴘᴏᴍᴍᴇs ᴇᴛ ᴅᴇ ᴘᴏɪʀᴇs. On en préparait autrefois, pour les usages de la médecine, avec les sucs des fruits à pepins et à noyaux ; mais ils avaient le miel pour base. Nos plus anciennes pharmacopées en font mention comme de purgatifs fort doux. Il faut donc continuer de les laisser dans la classe où ils avaient eu, pendant des siècles, la réputation de médicament.

Le nom de *sirop* donné à ces sucs épaissis par l'évaporation, ne leur convient pas davantage, puisqu'ils ne doivent réellement leur consistance qu'à la matière parenchymateuse extractive dont ils abondent. Or, ce n'est que quand ces sucs sont employés comme véhicule ou excipient de la matière sucrante, c'est-à-dire, du sucre, du miel et du moût concentré, qu'ils en sont saturés à un certain point, que la liqueur filante, visqueuse, qui en résulte, mérite d'être décorée du nom de *sirop*.

Les pommes et les poires cuites au four sans addition de matière sucrante, fournissent bien un liquide visqueux, qui a d'autant plus de qualité que les fruits sont moins doux ; mais l'expérience démontre que ce liquide, qu'on a pris pour du sirop, n'en réunit pas les conditions les plus essentielles.

Ces sucs épaissis ne peuvent et ne doivent être considérés que comme de faibles accessoires de la véritable matière sucrante. Quand on aura eu le temps de les apprécier à ce qu'ils valent réellement, l'usage se bornera à en assaisonner les compotes de pommes, de poires, de prunes et de cerises; mais ils sont dans l'impuissance absolue d'édulcorer nos alimens et nos boissons, sans le concours d'une des trois sources sucrantes que nous avons indiquées précédemment.

Essais du sirop de pommes. Il s'agissait de constater d'une manière particulière les effets économiques de ce sirop, considéré comme supplément du sucre et du miel, et de savoir en même temps s'ils étaient conformes aux résultats de l'analyse. Dans cette vue, on en a distribué trois quintaux dans les hospices civils de Paris; et comme il était trouble et d'un aspect désagréable, M. *Henry*, pour en autoriser la consommation, a été obligé de le clarifier. Or, pendant cette opération, le sirop de pommes, d'abord vendu 16 sous la livre, est revenu à 24 sous à raison du déchet et des frais de manipulation auxquels il a fallu recourir pour le mettre dans le cas d'être administré aux malades.

Le sirop de pommes, prescrit en qualité d'édulcorant, à la même dose du sirop de miel et de cassonade, a été trouvé bien inférieur au sirop de raisins. Le rapport unanime des pharmaciens

chargés d'en suivre les effets , est terminé par ce
paragraphe : « Il est peu sucrant, ne supporte pas
» l'eau, y développe une saveur désagréable de
» pommes cuites, et occasionne de la répugnance
» à cause de son opacité et de sa fadeur. »

On avait droit de présumer, d'après les avantages attribués à la matière sucrée de la pomme,
et à ses diverses appropriations aux besoins de
l'économie, qu'il se serait formé quelques fabriques
de sirop dans les cantons où ce fruit est commun.
On s'est adressé, à Rouen, à MM. *Robert* et *Dubuc*,
qui étaient parvenus à perfectionner ce sirop,
pour s'en procurer quelques quintaux et faire
un second essai dans les hospices ; mais ces pharmaciens n'ont pu en livrer un seul kilogramme.
C'est sans doute d'après les connaissances pratiques
qu'ils ont acquises par eux-mêmes, savoir, que la
préparation de ce sirop exige de l'embarras et des
dépenses, pour n'obtenir qu'un résultat médiocre,
que ces pharmaciens ont borné leurs recherches à
de simples essais , et qu'ils paraissent renoncer à
l'espérance de voir dans le centre de leur patrie
s'établir une fabrique de sirop de pommes. J'en
suis véritablement fâché aussi; j'aurais desiré que
les habitans du nord eussent également leur sucre
indigène.

Que reste - t - il donc des éloges prodigués à

outrance au sirop de pommes ? de belles promesses qui ne se réaliseront jamais, et les regrets sans doute d'avoir bien dénigré le sirop de raisins, qui prévaudra par-tout, soit pour la qualité, soit pour le prix, et ne sera jamais suppléé par celui de pommes ; c'est absolument comme si l'on disait : Quand les vins manqueront, le cidre et le poiré les remplaceront.

Le sirop de pommes posséderait - il au plus haut degré la faculté sucrante, sa propriété purgative devrait l'exclure de l'emploi qu'on a voulu lui donner : il faut nécessairement le reléguer dans la classe des sirops pharmaceutiques, parmi les moyens offerts aux mères de famille pour purger doucement et agréablement leurs enfans.

Nous le prédisons, quand les années ne seront pas favorables à la vigne, les pays à cidre ne pourront jamais y suppléer. Le sirop de pommes n'est que très-faiblement susceptible des appropriations de la matière sucrée ; il a l'inconvénient de revenir au propriétaire qui le fabriquerait pour sa consommation, à plus de 20 sous la livre : on aura donc la sagesse de préférer, à ce prix, le sirop de raisins du midi, le seul applicable à tous les usages de la médecine et de l'économie domestique.

RAISINÉ AU CIDRE ET AU POIRÉ. Toutes les fois que le cidre et le poiré doux doivent servir d'excipient aux fruits pulpeux, il ne faut les tirer à clair que quarante-huit heures après le pressurage, parce qu'ils déposent ordinairement une fécule amylacée qui doit rester dans la lie ou *fèces*, attendu que sa présence ne ferait qu'augmenter inutilement la consistance des résultats, la difficulté de les clarifier et de les soustraire à la fermentation.

Le suc de pommes et de poires, comme le moût de raisins, se cuit, ou seul, ou avec différens fruits : réduit, dans le premier cas, aux trois quarts de son volume, il donne un liquide plus acide que sucré, difficile à clarifier par les blancs d'œufs ; il reste opaque, susceptible de fermenter, ayant le goût de pommes cuites ; plus concentré, ce liquide se convertit en une gelée. Enfin, mêlé et associé, dans le troisième cas, avec d'autres fruits, il donne ce qu'on appelle en Normandie la *pommée*, qu'on rend plus agréable au moyen du miel et du sucre.

Pour faire du poiré au cidre en Picardie, on prend de la poire de fusée, poire longue, qu'on ne peut manger qu'après l'avoir fait cuire. On la met dans des pots de terre couverts et au four, après en avoir retiré le pain ; ils y séjournent pendant la nuit ; on les pétrit pour les réduire en bouillie, on les passe à travers un tamis de crin, et cette pulpe est mise dans un chaudron avec six fois son poids de cidre doux ; on procède à l'évaporation , en remuant sans discontinuer , jusqu'à ce qu'une molécule de cette confiture , jetée sur un papier gris , n'en sépare pas de suite l'humidité. En cet état elle est réputée assez cuite pour être conservée en pots. Dans certains endroits , on ajoute un atome de piment en poudre ; dans d'autres , c'est un peu de cannelle : mais il faut être économe de ces épices , et faire toujours en sorte que l'aromate ne domine pas dans la confiture.

Dans la ci-devant Bretagne, on prépare une marmelade de cerises. Les habitans des environs de Rennes, sur-tout, viennent la vendre au marché de cette ville ; et quoiqu'elle ne soit ni fort sucrée, ni fort agréable , cependant elle n'en trouve pas moins des amateurs et du débit. Il en est de même de celles qu'on prépare dans d'autres départemens de la France avec des prunes , et qui , étant cuites dans du cidre ou du poiré , pourraient , sans le concours du sucre, offrir aux cantons les plus favorisés en fruits , des confitures agréables plus ou moins sucrées.

Mais pour donner à cette confiture le caractère d'extrait, ou de raisiné, il ne faut pas s'en laisser imposer par le volume ; car alors ce ne sont que des compotes plus ou moins rapprochées. On vante le prix médiocre auquel elles reviennent , parce que l'état parenchymateux leur donne un grand volume. Mais qu'arrive-t-il ! Si l'on visite ces confitures bouffies pour ainsi dire, quinze jours après leur cuisson , quoique bien couvertes d'un papier , on trouve à leur surface une moisissure et un caractère acide dans l'intérieur, parce qu'elles ont trop peu de matière sucrante , et trop d'humidité pour se garantir d'une pareille altération.

Tous ces produits, plus ou moins recherchés, des fruits à pepins et à noyaux, sans doute utiles dans le cercle étroit des cantons où on les obtient, ont besoin du concours d'une matière sucrante étrangère, pour posséder quelqu'un des agrémens de la confiture. Ils ne peuvent entrer en concurrence avec ceux des raisins. Leur ressource nous paraît d'ailleurs trop circonscrite pour un aussi grand emploi dans les pays même où ils sont une des productions principales.

Ces réflexions nous portent donc à penser que le plus mauvais parti qu'on puisse retirer des pommes et des poires, c'est de les convertir en sirop. Laissons à ces fruits la destination que leur a donnée la nature, celle d'en préparer une boisson vineuse, des compotes , ou de paraître avec leurs belles formes pendant toute l'année sur nos tables , ou bien de servir de déjeûner à l'enfance.

On

On s'est donc bien trompé en assignant aux fruits à pepins et à noyaux un rang distingué parmi les substances capables d'assaisonner nos alimens et nos boissons. Il faut nécessairement que le commerce apporte dans les cantons où la vigne ne saurait réussir, les sirops de raisins, qui sont, à juste titre, pour toute l'Europe, le véritable supplément du sucre, et pour la France, une source féconde et intarissable de prospérité agricole et commerciale.

COMPOTES DE FRUITS. Il suffira de citer pour exemple de ce genre de préparation si usité, les compotes de pommes. On en pèle la quantité qu'on veut, on les sépare en deux, on ôte les pepins et leurs cloisons; on les met dans une casserole avec un morceau de cannelle et six onces de sirop par livre de pommes; on les fait bouillir jusqu'à ce que le sirop ait acquis sa première consistance: alors on enlève les pommes, on les dresse sur des assiettes, on fait écouler le sirop que l'on réunit à celui qui est resté dans la casserole; on le pousse au feu jusqu'à ce qu'il ait acquis une consistance de miel; on le verse sur les pommes, en ayant soin de l'étendre avec une cuiller afin qu'il recouvre la surface.

Si, au lieu de compote, on desire une marmelade, on écrase les pommes pendant qu'elles cuisent, en observant de remuer continuellement la

T

masse, de crainte qu'elle ne s'attache et ne brûle ; on fait passer, avec une cuiller, la marmelade dans une passoire ou un tamis de crin.

GELÉE ET MARMELADE DE COINGS. On prend douze livres de coings, un peu avant leur maturité ; et après en avoir ôté le duvet cotonneux et les pepins, on les coupe par quartiers ; on les fait bouillir à petit feu ; on passe cette décoction avec une légère expression ; on remet celle-ci dans la bassine avec neuf livres de sirop, et on la fait évaporer à petit feu jusqu'au point convenable ; ce qui donne une gelée homogène et transparente : la consistance en est bonne, moins tremblante, il est vrai, que celle avec le sucre ordinaire ; elle a un très-bon goût.

Les coings pour la marmelade sont préparés comme ci-dessus : après les avoir fait bouillir dans très-peu d'eau, on les pulpe, et on met la pulpe dans la bassine avec neuf autres livres de sirop ; on les fait bouillir à très-petit feu dans le commencement ; on ralentit ensuite vers la fin de l'opération, sans cesser de remuer pendant l'action du feu, et l'on obtient une marmelade d'une bonne consistance et d'un goût excellent.

SIROP DE CAROTTES. Dans les ouvrages modernes d'économie domestique, il n'est plus question maintenant que du sirop préparé avec les carottes, la racine la plus sucrée après celle de chervi; mais rien n'est moins conforme à l'art, plus embarrassant et plus coûteux que le procédé indiqué pour sa préparation.

Si l'on examine, en effet, ce qui se passe dans une racine charnue soumise à l'ébullition dans l'eau, on remarque que les principes qui la constituent, isolés, pour ainsi dire, dans l'état naturel, se réunissent et se combinent de plus en plus par la chaleur, acquièrent de la mollesse, de la flexibilité; d'où résulte ce qu'on nomme la *cuisson*, pendant laquelle une partie de l'extrait a passé dans le véhicule; l'autre demeure adhérente à la substance même du corps pulpeux, défendue et recouverte par le tissu; enfin la troisième partie s'est unie avec la matière fibreuse.

En vain on continuerait de faire bouillir une racine arrivée à l'état parfait de cuisson, dans la vue d'en obtenir la totalité de l'extrait qu'elle contient; l'eau ne se charge plus, même par des décoctions longues et répétées, que d'une petite portion; et cette racine parvient à l'état de squelette fibreux, sans avoir pu fournir les principes que ce fluide, aidé du calorique, était capable de dissoudre et d'extraire.

Il y a long-temps que nous avons dit et prouvé que, pour avoir à part les divers principes qui constituent les racines charnues et succulentes, il fallait, non pas les cuire, non pas les piler ni les froisser, mais les laver à plusieurs eaux, les râper, déchirer les réseaux fibreux dans lesquels se trouvent certains corps muqueux isolés, et renfermés comme dans des étuis.

Une autre règle que nous avons également établie, c'est que, quand les racines sont divisées ainsi mécaniquement, il ne faut procéder à l'évaporation du suc qu'on en a exprimé, qu'après l'avoir laissé reposer dans un lieu pendant douze heures au moins, puis décanté ; car la plupart d'entre elles contiennent, comme beaucoup d'espèces de pommes à cidre, une fécule qui, se dissolvant à un certain degré de chaleur, se convertirait en empois ou gelée, donnerait de la consistance au liquide, et ne concourrait nullement à sa conservation. Bornons - nous à un seul exemple.

PRÉPARATION DU SIROP DE CAROTTES. Après avoir pris trois livres deux onces de carottes privées de leurs feuilles, de leurs queues, et nettoyé la superficie de leur substance corticale, elles ont été comprimées dans une toile assez claire pour en retirer le suc naturel. Nous avons obtenu un produit liquide à l'aide d'une chopine d'eau bouillante que nous avons versée sur le marc déjà exprimé d'une livre deux onces, et par conséquent deux livres de résidu pulpeux, que nous avons remarqué être fortement sucré : nous lui avons bien enlevé la totalité de la substance sucrée par son ébullition, à l'aide d'un moyen mécanique, c'est-à-dire, par le pilon ; nous l'avons fait évaporer, après l'avoir décanté et clarifié à l'aide d'un blanc d'œuf, jusqu'à consistance de sirop. Nous avons retrouvé deux onces de ce dernier.

Il est donc à observer, premièrement, que trois livres deux onces de carottes, exprimées à l'aide de la force musculaire, produisent deux onces de liquide effectif; deuxièmement, qu'il serait possible d'en obtenir une plus grande quantité par le moyen d'une presse, le résidu ayant encore une saveur très-sucrée.

On conçoit que, s'il est aisé de faire un sirop avec les fruits à baies, tels que les raisins, les racines les plus abondantes en sucre ne peuvent pas, à cause de leur contexture parenchymateuse et muqueuse, subir aussi facilement cette préparation, parce que, soit que l'on en retire, par la râpe et la presse, la totalité des principes qu'elles contiennent, soit qu'on les fasse bouillir dans l'eau à diverses reprises pour en extraire tout ce qu'elles ont de soluble, la consistance du sirop est autant due à l'abondance de la matière extractive qu'à la concentration du sucre qui s'y trouve toujours en petite quantité, et il est difficile de garantir pour long-temps un pareil sirop de la fermentation.

Quel que soit le mode de préparation qu'on découvre pour faire des sirops avec des patates douces, des carottes, des panais, il n'y a absolument que les habitans du nord qui puissent fonder quelques espérances sur ces racines pour un pareil supplément : encore la dernière n'est-elle pas tolérable sous cette forme. On devrait se borner à retirer dans l'état sec et solide le sucre qu'elles contiennent.

Les racines offriront toujours plus de ressources, employées en substance comme assaisonnement ou comme nourriture. On peut en dire autant des fruits à couteau ; il ne faut donner la forme de sirops et de conserve qu'à ceux qui seraient perdus sans cet emploi, et laisser à nos desserts leur plus bel ornement.

DU MIEL.

Les peuples de la plus haute antiquité faisaient du miel leurs délices ; le plus parfait des poëtes latins n'a pas dédaigné de s'occuper de la description des mœurs des abeilles, de leurs travaux, et des moyens d'en augmenter les produits. Cet insecte recueille laborieusement, dans toute la nature végétante, les molécules sucrées éparses, qu'il réunit en masses aggrégatives, pour former un tout homogène propre à ses besoins et aux nôtres.

Le goût pour le miel a été général en Europe; on le préférait même au sucre, connu en France sous le nom de *miel de roseau, sirop de canne*. C'était alors la seule matière sucrante usitée, la seule qui a long-temps remplacé, dans certains cantons, le sucre et les confitures; elle est devenue maintenant insuffisante pour cet objet.

On peut facilement juger du prix que l'on attachait à la possesion du miel, par le nombre de réglemens qui existent sur les ruches et les abeilles. On le servait, certains jours de l'année, comme un mets de régal, et il n'y a pas encore deux siècles qu'il entrait dans toutes les pâtisseries de distinction, en qualité de friandise : mais, toujours déliquescent, et n'étant susceptible d'aucun raffinage qui puisse en prolonger la durée, malgré les tentatives qu'on a faites à cet égard, ce n'est qu'avec peine qu'on parvient à le garder d'une récolte à l'autre.

Le miel nouveau a constamment, dans le commerce, une valeur double de celui de deux ans ; c'est, sans doute, cette circonstance qui fait que son prix n'est point en proportion avec celui du sucre, et que cette denrée ne pourra jamais allécher les accapareurs de profession. Je suis cependant parvenu à conserver pendant quatre années, dans un endroit sec et frais, du miel de Mahon, sans qu'il eût rien perdu de l'agrément qu'il doit aux *cistes* dont l'île de Minorque est couverte. Il était, à la vérité, en petite quantité ; et l'on sait combien les grandes masses, par le même procédé, sont difficiles à garder.

Le miel exposé dans un endroit humide, éprouve un mouvement pareil à celui qui altère les marmelades considérablement muqueuses et peu cuites ; il s'aigrit comme elles, sans avoir passé à la fermentation vineuse.

Qualités du miel. Elles varient comme les différentes espèces de cassonades, suivant les plantes et les lieux sur lesquels les abeilles l'ont ramassé et fabriqué, et suivant les manipulations. Les montagnes en fournissent de meilleur que les plaines ; la famille des labiées, c'est-à-dire, les stœchas, le thym, les lavandes, les romarins, et tant d'autres plantes odoriférantes qui couvrent les Corbières, nous procurent le miel mal-à-propos dit de Narbonne.

M. *Lombard* observe que dans les contrées où l'on cultive le sarrasin en grand, on peut récolter du miel de deux qualités bien différentes, savoir, un premier miel avant la floraison de cette plante, et le second, aussitôt que la fleur est passée.

Mais il arrive souvent que l'on fait du meilleur miel plusieurs nuances différentes , à raison de l'exactitude avec laquelle on le sépare de la cire ; et ces nuances sont distinguées , dans le commerce, par miel de première et de seconde qualité. Ils ont chacun une destination : le pain-d'épicier, par exemple, préfère le miel coloré , c'est-à-dire, le miel de sarrasin, parce qu'il est plus sucré , plus déliquescent , moins cher, et qu'il entretient dans ce pain non fermenté , une mollesse et une flexibilité qu'on desire y rencontrer.

SOPHISTICATION DU MIEL. Le plus beau en apparence renferme quelquefois des matières étrangères que la cupidité y a introduites , entre autres les farines , qui , ayant la propriété de donner aux vieux miels une consistance analogue à celle des miels nouveaux , leur communiquent encore de la blancheur. Il faut donc que les ménagères s'assurent de la pureté du miel avant de l'employer. La fraude est facile à reconnaître ; il suffit d'étendre le miel suspecté dans l'eau froide. Comme la farine ne se dissout que dans l'eau chaude, elle ne tardera pas à se précipiter au fond du vase ; la liqueur surnageante peut servir ensuite comme toute autre solution de miel.

SIROP DE MIEL. C'est dans ce moment qu'il faudrait reproduire les usages qu'on faisait du miel à la place du sucre, et le rappeler à ce qu'il était autrefois, la base des sirops et des électuaires purgatifs, puisque par lui-même il a la propriété relâchante, comme toutes les matières abondantes en mucoso-sucré.

Pour préparer ce sirop, mettez ce que vous voudrez de miel blanc sur le feu ; à l'instant où il monte, jetez un peu d'eau froide, retirez sur-le-champ, laissez reposer, écumez et ajoutez de l'eau chaude la quantité strictement nécessaire, afin de lui donner promptement la consistance d'un sirop ; c'est, à-peu-près, trois parties sur une d'eau. Si l'on pouvait toujours se procurer des miels extrêmement purs, la *despumation* deviendrait absolument inutile.

Pour diminuer ce goût particulier du miel qui décèle toujours sa présence dans certaines préparations domestiques où il entre, plusieurs tentatives ont été faites. Voici celles de *Brugnatelli*, que m'a communiquées M. *Planche*, l'un des rédacteurs du Bulletin de pharmacie. Nous citerons ensuite celles que M. *Henry* a répétées à la pharmacie centrale, avec l'exactitude qu'on lui connaît.

On prend du miel écumé avec le blanc d'œuf, et encore liquide ; on le chauffe doucement, on y jette de la poudre de coquilles d'huîtres, mêlée avec le tiers de son poids de charbon, tant qu'il y a effervescence. On retire ensuite le vaisseau du feu, on enlève l'écume, on passe, et l'on évapore en consistance de sirop.

Dans ce procédé, on a en vue d'épurer le miel, non-seulement de la substance muqueuse, albumineuse, et de la cire, qui, par la forte pression qu'on fait éprouver aux alvéoles, se mêle avec le miel, mais encore d'un acide libre, qui, ordinairement, se trouve en combinaison avec le sucre et avec le mucilage. Le miel ainsi dépuré, dit l'auteur, se rapproche, par les caractères, du sirop de sucre. M. *Planche* croit qu'en général ce moyen pourrait être utile, sur-tout si on a la précaution de bien laver le charbon, et même la poudre d'écailles d'huîtres. Il a, de plus, remarqué que la substance albumineuse, que l'on sait aujourd'hui exister dans le miel, s'y trouve d'autant plus abondamment qu'il est moins pur : les miels superfins du Gâtinois, grenus et cristallisés, n'en contiennent qu'une très-petite quantité; ceux de la Normandie, de la Bretagne, aussi blancs que le premier, mais moins consistans, sont plus riches en mucilage et en albumine, et par cela plus fermentescibles; c'est à cette cause qu'il faut attribuer, suivant son opinion, la précipitation de ces nombreux flocons qu'on aperçoit souvent au fond des bouteilles de miel *rosat,* où ils forment des dépôts considérables.

Il faut, suivant l'observation de M. *Henry*, que le charbon soit réduit en poudre grossière, et calciné dans une marmite de fer, pour en séparer l'humidité et les différens *gaz* qu'il contient, le dépoudrer ensuite par le crible. Quand il est refroidi, il le fait bouillir avec le miel dans la proportion de deux kilogrammes sur cinquante de miel. Lorsque l'écume paraît, on l'enlève, on interrompt le feu. Le miel ainsi clarifié est transparent, et conserve sa limpidité pendant quelque temps.

La surface de ce sirop, placé dans un lieu frais, se recouvre d'une pellicule comme gélatineuse, tandis que le liquide reste clair. Ce phénomène est beaucoup plus prompt lorsqu'on l'expose à un froid de cinq à six degrés au-dessus du terme de la congélation ; mais M. *Henry*, qui a fait plus de cinquante essais sur les miels de tous les pays de la France, a remarqué qu'on peut bien affaiblir la couleur et la saveur du miel, mais que son cachet subsistera toujours.

Je me permettrai ici une observation, non pas pour M. *Henry*, il n'en a pas besoin : souvent le charbon n'opère pas tout l'effet qu'on en attend, parce qu'il manque du degré d'appropriation convenable ; il n'est pas en quantité suffisante, divisé et choisi comme il convient. On a un échantillon de ce que peut faire cette matière avec la mélasse, dans le produit émis par la manufacture de l'île Notre-Dame.

PAIN D'ÉPICE. Desirant constater, d'une manière plus décisive encore, la faculté sucrante du sirop de raisins, comparativement à celle du meilleur miel réduit sous la même forme, multiplier ses applications, étendre par conséquent son utilité, établir de plus en plus sa parfaite analogie avec cette dernière substance, j'ai appelé à mon aide le fabricant qui consomme le plus de miel, je veux dire le pain-d'épicier ; j'ai donc profité du voisinage de la fabrique de M. *Lepicier*, rue Jean-Beausire, faubourg Saint-Antoine ; il a bien voulu exécuter sous mes yeux, avec une complaisance rare, le procédé de son art. Le résultat qu'il a obtenu m'a fait connaître que, toutes choses égales d'ailleurs, le sirop de raisins se mariait très-bien avec la farine de seigle, et que le pain d'épice qui en provenait était infiniment plus délicat que celui au miel, sans en avoir tout-à-fait la couleur.

Mon dessein n'est pas de tirer aucune conséquence de l'essai dont je fais mention ici ; mais on conviendra que, dans les cantons vignobles où il serait dangereux d'avoir des ruches, et où le miel coûterait trois fois plus cher que le sirop de raisins, les amateurs de cette espèce de pâtisserie pourraient s'en régaler à peu de frais. Il y aurait en France deux sortes de pains d'épice, l'un au midi, et ce serait le pain d'épice au sirop de raisins ; l'autre au nord, et ce serait le pain d'épice au miel.

Une circonstance extrêmement favorable au pain d'épice que je propose, c'est que le fabricant auquel j'ai confié cet essai, est accouru, tout échauffé, pour me prier de lui procurer du sirop de raisins, tant il lui avait reconnu d'avantages pour l'objet de son travail. Eh ! pourquoi ne contribuerait-il pas à sa fortune, comme le gâteau de pommes de terre a fait celle du pâtissier *Gendron !*

Il serait possible que son usage convînt aux enfans affectés de la coqueluche, puisque, dans le sirop qui sert ici d'excipient, on a reconnu la propriété incisive et pectorale. Il est à la vérité un peu moins jaune que celui au miel ; mais ceux qui attachent de la perfection à la couleur jaune du pain d'épice, ne savent pas sans doute qu'il doit cette couleur au miel commun qu'on y emploie, et que celui qu'on prépare avec le miel blanc le plus pur est à peine jaunâtre.

De toutes les substances sucrantes qui forment ordinairement la base du pain d'épice, c'est la mélasse qui fournit celui qui est le plus foncé en couleur ; mais la disposition de ce pain d'épice à se dessécher et à devenir, avec le temps, d'une mastication difficile, a déterminé l'introduction de *la potasse*, pour y maintenir la fraîcheur et la flexibilité : or le sirop de raisins procure ce double avantage sans cette addition.

C'est cette mélasse, qu'on ne peut plus, heureusement, employer aujourd'hui à cause de son prix, qui donne au pain d'épice que préparent les Anglais, cette qualité si inférieure à celui de nos fabriques françaises : quels que soient leurs efforts, ils ne pourront de long-temps rivaliser avec leurs seules ressources le pain d'épice de Reims, à moins qu'ils ne viennent dans les fabriques qui vont s'établir au midi, sur plusieurs points de l'Empire, s'approvisionner de sirop de raisins, et ne se déterminent à le substituer à la mélasse ; car leurs miels n'auront jamais la valeur des nôtres, à cause de l'humidité du climat.

Le pain d'épice qu'on remarque avec plaisir au milieu des objets de dessert les plus distingués de nos meilleures tables, vient de Reims : ce qui lui a acquis et conservé sa réputation, c'est le choix qu'on fait, dans cette ville, des matières premières qui entrent dans sa composition ; c'est la bonté de la méthode dont on se sert pour le fabriquer : le miel qu'on emploie pour le pain d'épice le moins commun, est semblable, pour le goût et la blancheur, au miel de Narbonne.

FORMATION DU MIEL. Si les expériences de *Réaumur* nous ont fait connaître le mécanisme employé par les abeilles pour enlever le suc mielleux épanché dans le calice des fleurs, sans opérer de dérangement dans les organes délicats des plantes, nous ne sommes pas aussi avancés sur ce qui se passe dans l'estomac de ces insectes destiné à le contenir, sur la manière dont ils le dégorgent dans les alvéoles, et pourquoi, en ne leur administrant d'autre nourriture que du sucre raffiné, ils ne nous donnent encore que du miel, c'est-à-dire, une substance dans laquelle, suivant les expériences de M. *Proust,* le sucre est analogue à celui de raisins.

Il y a tout lieu de présumer que la matière sucrée disséminée dans tant de végétaux sur lesquels les abeilles vont faire leurs récoltes, et dont elles sont si avides, réside sous la forme de *vezou ;* mais qu'elle éprouve dans l'estomac de ces insectes une élaboration qui, sans altérer sa propriété sucrante, lui communique celle de se condenser, de s'épaissir et de se transformer en véritable miel. Cette matière peut bien avoir eu originairement les qualités physiques du sucre de canne ; mais l'organisation des abeilles lui a imprimé un seul et même caractère ; c'est ce qui fait que le miel le mieux épuré ne varie pas autant que les pays et les plantes que ces insectes habitent et parcourent.

En

En réfléchissant sur les propriétés générales et spécifiques qui caractérisent le sirop de raisins bien préparé, et le miel tel qu'il est dans le commerce, on ne peut se refuser à croire que ces deux produits, quoique ne possédant pas la faculté sucrante au même degré, n'aient entre eux de grands rapports, ainsi que nous l'avons déjà observé, et que les modifications qu'ils ont subies ne soient l'ouvrage du même agent, c'est-à-dire, des acides fournis par la vigne et les abeilles, acides que le miel et le sirop de raisins contiennent abondamment. *Cavezzali* a fait des expériences d'après lesquelles il a conclu qu'il existait dans le miel un acide qui devenait un obstacle à la cristallisation du sucre. Ayant ajouté des coques d'œuf pulvérisées jusqu'à parfaite saturation, il a remarqué qu'il se manifestait une effervescence très-prononcée, et, quatre mois après, que le fond de la bouteille qui contenait le sirop, était tapissé de cristaux. Mais je m'arrête, dans la crainte d'établir une théorie que l'expérience n'aurait pas justifiée. Il ne faut jamais oublier que le cabinet ne doit pas servir de laboratoire. Je reviens au miel.

ENCOURAGEMENT DES RUCHES. Quoique nous partagions entièrement l'opinion de M. *Henry*, c'est-à-dire, qu'il paraisse difficile d'enlever tout-à-fait au miel cette saveur qui lui est inhérente, et de

V

l'assimiler au sucre de canne, son usage est si fréquent dans la médecine particulièrement, que nous
ne saurions assez desirer de voir les ruches se multiplier, toutefois en bornant leur nombre aux ressources locales ; car les pays secs, arides et sablonneux, présentent peu de moyens aux abeilles pour
faire d'abondantes récoltes, et l'intérêt des cantons
où le raisin est très-sucré, n'est point d'en avoir, à
moins que les habitans n'usent de quelques précautions pendant les vendanges, pour éviter le
dégât qu'elles occasionnent dans les vignes.

La France est encore la contrée de l'Europe qui
produirait le plus de cire et de miel, si l'on daignait
encourager l'éducation des abeilles. Cette richesse
a presque disparu du sol de la patrie par les abus
du régime fiscal, et il y a des villages entiers qui
ne possèdent pas une seule ruche. Il ne pouvait
échapper à la sollicitude de la société d'agriculture
du département de la Seine de revivifier cette
branche d'économie rurale et domestique. Elle a
donc proposé deux prix, qu'elle décernera dans sa
séance publique de 1812 ; et nous ne doutons pas
qu'elle ne contribue à lui rendre son premier état
florissant, sur-tout si les ménagères des campagnes
font entrer cet article dans leur plan d'économie,
et se pénètrent de l'instruction que M. *Lombard,*
notre estimable collègue, a rédigée sur ce genre

de culture : nous ne pouvons leur offrir une autorité plus recommandable que cet ami éclairé des abeilles, tout en convenant cependant que le miel peut encore moins que le sirop de raisins remplacer le sucre.

Ne pourrait-on pas établir en France des abeilles dans les arbres de nos forêts, comme on le fait dans le nord, en pratiquant à une certaine élévation, dans le tronc des pins, une niche formant un carré long, et fermé d'une porte qu'on ouvre quand la niche est pleine de rayons de miel ! Presque tous les ruchers, qui, en Pologne, sont établis près des maisons, se trouvent composés d'une suite de troncs d'arbres de cinq à six pieds de hauteur, et dans chacun desquels on a ménagé une niche pareille à celles des arbres des forêts.

Beaucoup d'auteurs, pour empêcher que les abeilles ne consomment leur propre miel pendant l'hiver, ont proposé différens moyens de les nourrir pour la morte-saison. Celui de Mme *d'Humières* nous paraît le plus économique et le plus du goût de ces insectes. Elle fait ramasser avec soin les prunes, poires, pommes, abricots tombés ; et, après les avoir coupés et séparés des noyaux, elle en compose, par la cuisson avec la lie de vin, une sorte de raisiné. On en distribue deux fois par jour, en évitant de le mettre sous la

ruche, à cause du mauvais goût qu'il y contracterait ; il faut le placer à leur portée sur l'ouverture
de la ruche, et cesser d'être surpris si cette espèce
de confiture, qui a séjourné dans l'estomac des
abeilles, est transformée en miel, puisque le sucre
le plus pur dont elles seraient nourries subirait une
pareille métamorphose.

On ne doit pas perdre de vue (quoique le sirop
de raisins puisse remplacer avantageusement le
miel) les moyens de favoriser les établissemens
des abeilles. Le plus puissant, selon notre opinion,
est dans les mains de l'agronome aisé qui pourrait
les multiplier sans qu'il lui en coûtât autre chose
que de légers soins ; il consisterait à donner des
ruches à quelques familles indigentes, à les guider
en même temps, sur-tout à les bien gouverner, à la
charge par elles de s'acquitter insensiblement avec
le produit. C'est mettre ceux qui sont l'objet des secours, en état de n'en avoir plus besoin par la suite.

Le bas prix du sucre n'a jamais déterminé les
praticiens à renoncer à l'usage du miel; il n'est
pas moins fréquemment employé dans la médecine
vétérinaire ; non-seulement il forme la base des
breuvages qu'on administre aux animaux, mais il
sert encore d'excipient à toutes les poudres qu'on
leur fait avaler. Le sirop de raisins pourrait le remplacer au midi, où le miel serait plus cher.

Passons maintenant à d'autres préparations d'un usage journalier, qui, quoiqu'elles ne soient pas de première nécessité, n'en consomment cependant pas moins beaucoup de sucre, et souvent du sucre raffiné : ce sont les liqueurs de table, précisément encore le lot de la maîtresse de maison ; il est impossible qu'elle parvienne à le suppléer aussi complètement qu'au moyen du moût plus ou moins concentré par l'évaporation. Arrêtons-nous à quelques vues générales qui pourront servir à éclairer l'art du liquoriste sur le meilleur parti qu'il peut tirer, pour son commerce, des sirops de raisins.

DES LIQUEURS DE TABLE.

L'eau-de-vie ou alcool, l'eau, la matière sucrée et l'arome, forment les ingrédiens principaux des liqueurs ainsi désignées ; il ne s'agit plus que de bien choisir ces objets, de leur donner la forme la plus convenable, d'en déterminer les proportions de manière qu'aucun n'y soit dominant, et qu'on ne puisse pas dire avec fondement, en savourant une liqueur, elle est faible, forte, trop sucrée, trop parfumée ; enfin il faut que la sensation qu'elle imprime sur l'organe du goût, résulte de leur juste combinaison entre eux.

Il circulait autrefois dans le commerce, sous les

noms les plus pompeux de *crème*, de *quintessence*, d'*huile*, d'*élixir*, des liqueurs dont le véhicule spiritueux était l'eau-de-vie de grains, qu'on est parvenu à dépouiller de son mauvais goût au moyen du charbon. Ces liqueurs, qui ne le cèdent nullement en moelleux, en finesse et en suavité, à celles des fameuses fabriques coloniales, qui cependant n'avaient pour alcool que l'eau-de-vie de sucre, supposent toujours que la partie spiritueuse de l'eau-de-vie a été chargée par la distillation des principes volatils des végétaux; que le sucre, employé par surabondance, était extrêmement pur; qu'elles sont sans couleur et d'une grande transparence. Ces recherches minutieuses, toujours aux dépens de la santé, ne doivent pas briller sur la table modeste de l'homme sage et économe.

Un autre ordre de liqueurs non moins agréables, qui n'exige ni l'embarras d'un appareil distillatoire, ni ces recherches pénibles et dispendieuses dans les combinaisons, ce sont les *ratafias*, dont la vogue remonte très-haut; ils ont même eu, à l'origine, l'honneur d'être des médicamens très-vantés. Ils conservent le mieux ce qu'on appelle le *goût du fruit :* préparés toujours par macération ou par infusion, c'est-à-dire, sans le concours de la chaleur, de la fermentation et de la distillation, ils ont nécessairement plus ou moins de couleur et de saveur ; les connaisseurs dont le palais n'est pas blasé distinguent parfaitement les liqueurs faites par infusion ou par distillation : celles-ci laissent toujours dans la bouche une impression particulière qui tient de l'âcreté.

La perfection des ratafias dépend donc de plusieurs conditions faciles à remplir : la première demande du choix dans la qualité des ingrédiens, et des proportions dans les quantités. Les hommes doués d'organes fins et délicats ont établi des règles qui font beaucoup varier la même liqueur. En général, c'est partie égale d'eau-de-vie et la moitié en poids de sirop de raisins ; le goût des consommateurs et les ressources locales déterminent ensuite l'aromate.

Comme l'enveloppe des végétaux est réellement le siége de l'odeur, il est nécessaire, quand c'est une graine qui forme l'arome d'un ratafia, qu'elle soit employée entière, et non concassée ; qu'elle ne séjourne dans la liqueur que deux jours au plus, afin de ne lui fournir que le bouquet, c'est-à-dire, la partie la plus suave, et qu'elle ne soit pas masquée par une surabondance de matière extractive, dont la sapidité, se confondant avec l'odeur, donne lieu à une modification contraire à l'agrément de la liqueur.

Une troisième condition, c'est que l'eau-de-vie

employée marque au moins vingt degrés, qu'elle soit exempte d'âcreté, de goût de feu et d'empyreume, qui ne manqueraient pas de dominer dans la liqueur.

Enfin une quatrième et dernière condition exige de n'employer de l'eau ou ce qui la représente, soit infusion, soit suc de fruit, soit sirop, que dans l'état bouillant, et de la verser ainsi dans la cruche où est l'eau-de-vie : elle l'échauffe par ce moyen ; le mélange s'unit, se combine, se pénètre plus intimement, et fait gagner en quinze jours à la liqueur ce qu'elle n'acquiert qu'au bout d'un an de séjour. On ajoute ensuite l'aromate, sauf à laisser le tout dans des bouteilles bien bouchées, dont le goulot reste vide, et qu'on expose dans un lieu à une chaleur plus que tempérée, afin qu'il s'excite un mouvement combinatoire, pour lui faire prendre sur-le-champ le ton moelleux que le temps seul donne.

Quand on se sert des écorces de citrons, d'oranges douces et de bigarades, il ne faut prendre que la pelure la plus mince, les zestes, afin d'éviter l'influence du parenchyme qu'elle recouvre, et qui donne à la liqueur une saveur amère toujours désagréable, parce qu'elle n'a rien d'aromatique.

Si le liquoriste avait toujours l'attention de verser son sirop bouillant sur l'eau-de-vie avant d'y ajouter ses aromates, il ne serait plus obligé de laisser vieillir ses liqueurs avant de les débiter ; elles auraient plus de moelleux, parce que l'alcool, mêlé et confondu avec la matière sucrée, est dans un état savonneux : il ne peut se charger pour ainsi dire que de l'arome des substances employées.

D'après ce court exposé, il sera facile de juger des motifs qui déterminent à nous écarter des principes établis dans les meilleurs traités de liqueurs ; l'expérience apprendra si ces motifs sont dénués de fondement.

Nous ignorons quelle est la révolution qui s'est opérée dans le palais des personnes autrefois les plus délicates, et les a amenées à n'être pas plus difficiles que les gens du commun : elles prennent par sensualité ce dont ceux-ci n'usent que par besoin ; l'eau-de-vie pure et bien forte se sert sans façon sur nos meilleures tables et s'y boit sans rougir.

Nous croyons devoir exclure d'un ménage bien gouverné les liqueurs superfines, ainsi appelées parce qu'elles sont préparées avec un alcool chargé d'arome par la distillation et édulcoré par le plus beau sucre ; nous nous bornerons aux liqueurs bourgeoises ou communes, en un mot aux ratafias, dont les matériaux étant faciles à se procurer par-tout, sont devenus d'un usage général.

HIPPOCRAS. C'est le plus ancien des ratafias. On lui attribuait autrefois de grandes propriétés, et il est décrit dans les Œuvres de *Galien* au nombre des vins cordiaux. Il doit son origine à la pharmacie pratiquée par le chef de la médecine. Sa préparation consiste à faire infuser pendant cinq à six jours, dans du bon vin rouge ou blanc, des aromates pris parmi les épices, et à y ajouter du sucre ; mais cette préparation est vicieuse.

L'hippocras ne peut se conserver aussi long-temps que le vin lui-même, parce que toutes les fois que celui-ci fait les fonctions de dissolvant, au lieu de véhicule, il éprouve infailliblement dans ses parties constituantes un changement notable qui tend toujours à sa détérioration. On ne doit donc pas être surpris que ce ratafia soit tombé en désuétude : le seul moyen de lui rendre son ancienne célébrité, ce serait de corriger la recette, et de mêler tout simplement au vin les teintures alcooliques au moment d'en faire usage. Il en résulterait alors une liqueur plus homogène et plus suave.

Cette observation est fondée sur le travail que j'ai entrepris pour montrer la défectuosité des vins médicinaux. Les anciens les préparaient en faisant fermenter avec du moût, ou du miel, les substances dont ils voulaient obtenir les propriétés

(315)

médicamenteuses. A ces vins médicinaux par fermentation ont succédé ceux par macération, ceux
dans lesquels on plongeait et on laissait séjourner
les substances dont on voulait extraire les propriétés. Ce mode parut préférable, parce qu'on
avait remarqué que la fermentation changeait considérablement les propriétés des médicamens qui
l'éprouvaient concurremment avec la matière muqueuse sucrée. Maintenant que le raisonnement,
l'expérience et l'observation se sont accumulés
sur la préparation de ces vins par macération, on
a reconnu évidemment que les substances qu'on
y introduit ne tardent pas à les altérer eux-mêmes,
et souvent à les changer en vinaigre. On a imaginé, pour éviter cet inconvénient, de faire macérer dans de l'alcool affaibli les substances qu'on
soumettait à l'action immédiate du vin, et ensuite
d'y mêler cette teinture, mais seulement à l'instant
où l'on est disposé à faire prendre le mélange. Par
ce moyen d'une aussi facile exécution, le vin conserve toutes ses vertus, le médecin est plus assuré
de la nature et de l'efficacité du remède qu'il prescrit, et le malade trouve le soulagement qu'il a
droit d'attendre. C'est précisément là le point de
perfection que j'ai eu en vue d'atteindre dans la
réforme proposée.

VIN CUIT. C'est, sans contredit, la liqueur la

plus recherchée parmi les habitans des cantons vignobles ; elle est la plus salutaire et la plus économique, vu qu'elle n'exige pas de sucre étranger à celui que le raisin contient naturellement, et que ce dernier porte avec lui un goût de fruit qui, au bout d'un certain temps, se développe, et perfectionne la plupart des objets avec lesquels on le mêle.

Ce nom de vin cuit est impropre, puisqu'on le donne au moût seulement concentré, et qui n'a point fermenté : dans la plus haute antiquité, les Grecs en faisaient, avec le miel, la base de toutes les boissons agréables, et de toutes leurs confitures ; ses usages sont encore très-multipliés aujourd'hui dans le royaume de Naples, et forment, dans le carême et les jours maigres, la principale ressource d'assaisonnement pour les personnes qui n'admettent point de luxe dans leur cuisine ; elles le mêlent, non-seulement avec des pâtes frites à l'huile, mais encore avec des fruits et des racines potagères.

On qualifie encore du nom de vin cuit, le moût concentré et destiné à la cuve en fermentation ; mais sous ce nom on entend plus généralement une liqueur de table qu'on prépare dans le temps des vendanges avec de l'eau-de-vie et des aromates.

VIN CUIT AU MIDI. Dans une chaudière placée sur le feu, on verse douze pintes de moût préparé comme nous l'avons recommandé : quand la liqueur entre en ébullition, on enlève l'écume et on pousse l'évaporation jusqu'à la réduction de la moitié ; on met la liqueur toute bouillante, sans la passer, dans la cruche, où il y a parties égales d'eau-de-vie, c'est-à-dire, six pintes ; on y ajoute ensuite une pincée d'anis et de coriandre, un gros de cannelle de Chine, l'amande osseuse de six abricots et autant de pêches ; on bouche la cruche avec un bouchon de liége recouvert d'un linge mouillé ; on la laisse dans un endroit tempéré : après deux jours d'infusion, on passe la liqueur à travers un linge mouillé, on la remet dans la cruche pendant l'hiver, jusqu'à ce qu'on la tire au clair, en la passant à la chausse, pour la distribuer dans des bouteilles exactement fermées.

Le sirop doux de raisins peut servir de base à tous les ratafias qu'on voudrait préparer sur-le-champ, par-tout et dans toutes les circonstances.

VIN CUIT AU NORD. Exposez au feu douze pintes de moût, réduisez-les aux deux tiers par l'évaporation, et versez la liqueur dans une terrine pendant deux jours ; au bout de ce temps, enlevez avec une écumoire la pellicule saline qui recouvre la surface, et décantez. Cette liqueur, mise sur le feu, est versée bouillante dans une cruche où se trouvent quatre pintes d'eau-de-vie; on y ajoute les aromates en même quantité, et on procède comme ci-dessus.

CIDRE ET POIRÉ CUITS. Douze pintes [vingt-quatre livres] de cidre doux étant réduites à la moitié, dans une chaudière sur le feu, on écume et on verse bouillant dans une cruche où se trouvent six pintes d'eau-de-vie; on y ajoute une pincée d'anis et de coriandre, un gros de cannelle, et le bois de plusieurs noyaux d'abricots et de pêches; après deux jours de mélange, on passe à travers une toile mouillée, et l'on remet à macérer pendant quelques mois.

C'est absolument le même procédé pour faire le poiré cuit, que celui qui vient d'être décrit, excepté cependant qu'au lieu de cidre doux, c'est le poiré dont il faut se servir.

DES RATAFIAS.

C'est dans ce genre de liqueur que le sirop de raisins supplée merveilleusement le sucre de canne; il est même préférable à la cassonade, qu'on y emploie assez ordinairement, parce que les sels terreux que ces sirops retiennent constamment à la faveur du mucilage, et qu'ils déposent à la longue, comme étant précipités sur-le-champ par l'eau-de-vie qu'on y mêle, donnent à la liqueur un goût de fruit et un arome qui, au bout d'un certain temps, perfectionnent la plupart des objets auxquels on la mêle.

RATAFIA DE RAISINS. A la rigueur, le vin cuit est la liqueur qui mériterait de porter ce nom ; mais sans attendre les vendanges, on pourrait la préparer sur-le-champ, et par-tout où on le desirerait, en mêlant parties égales d'eau-de-vie et de sirop de raisins bouillant, en y ajoutant quelques gouttes de teinture de clous de girofle ou de cannelle pour l'aromatiser.

Les raisins secs sont encore, au bout d'une année, propres à faire la base d'un ratafia : dès que les nouveaux paraissent, ceux de l'année qui les précèdent diminuent considérablement de prix ; c'est alors que les fabricans de liqueurs communes les achètent au meilleur compte, pour en faire ce qu'ils appellent du *verjus*.

Après avoir égrené les raisins de caisse, et mis à macérer dans l'eau pour les faire gonfler et en former un liquide analogue au moût, ils ajoutent ensuite de l'eau-de-vie; et quand ils débitent ce ratafia, ils mettent dans le verre à boire quelques grains de raisins ainsi confits, et qu'on pourrait, à juste titre, nommer *raisins à l'eau-de-vie*.

RATAFIA DES QUATRE FRUITS. Pour le préparer, on prend dix livres de cerises bien mûres, cinq livres de merises noires des bois, deux livres de framboises, une livre de groseilles, qu'on épluche et qu'on écrase ensemble avec les mains, pour laisser le mélange en macération pendant vingt-quatre heures environ ; au bout de ce temps, on passe la liqueur à travers un tamis, et le marc est soumis à la presse. On ajoute par pinte de suc la même mesure d'eau-de-vie, une livre et demie de sirop de raisins bouillant, et sur la totalité un demi-setier d'infusion d'œillets rouges, ainsi que tous les noyaux entiers qu'on a fait sécher ; on laisse infuser le tout pendant deux fois vingt-quatre heures.

RATAFIA DE CURAÇAO. Il existe, dans une des colonies hollandaises, une variété de bigarade dont l'écorce est l'objet d'un commerce assez considérable, et appelée *curaçao*, nom précisément de l'île où ce fruit est cultivé : c'est avec cette écorce qu'on prépare, dans toute la ci-devant Flandre Belgique, un ratafia d'un usage tellement général, qu'il n'y a pas de ménage qui n'en fasse sa provision, et même le régal de ses convives, après le repas du matin et du soir.

Cette écorce étant détachée sans soin de sa pulpe, dans le pays où le fruit croît, pour être répandue ensuite dans le commerce, on a imaginé d'enlever

d'enlever le blanc qui recouvre la surface intérieure de l'écorce, et qui n'est qu'un véritable
parenchyme dans lequel réside l'amertume, et non
l'arome ; on en vient à bout en mettant ces écorces
à macérer dans l'eau pendant quelques heures.
On les ratisse avec la lame d'un couteau, et la
partie celluleuse de l'huile étant amincie, on la
déchire par lanières sans le secours d'aucun instrument : ainsi divisée, on la fait sécher. L'eau
qui a servi à cette macération, est d'une amertume
insupportable ; et loin de préjudicier à l'arome,
elle le développe ; il est infiniment plus à nu dans
la liqueur.

Cette opération une fois terminée, on prend
une once de cette écorce séparée ainsi, qu'on met
dans une cruche, et sur laquelle on verse deux
pintes de bonne eau-de-vie et deux livres de sirop
de raisins bouillant : le mélange reste en infusion
pendant deux jours ; au bout de ce temps, on filtre
la liqueur et on la distribue dans des bouteilles.

Cette recette est préférable à celle qui consiste
à employer la distillation, vu que, par ce moyen
dispendieux et impraticable dans la plupart des
ménages, on n'obtient pas cette amertume d'autant plus agréable à conserver, que, combinée
avec l'arome, elle forme une liqueur moelleuse et
d'un goût délicieux.

X

RATAFIA DE NOYAUX. Dans la saison où les abricots sont à leur point de maturité, on prend les amandes osseuses de ces fruits frais ; on les casse avec un marteau, ayant l'attention de ne pas les écraser ; on en remplit les deux tiers d'une cruche, à laquelle on a adapté un bouchon de liége qui ferme exactement, et, après y avoir ajouté l'eau-de-vie, on place le tout au soleil pendant un mois. Ce terme expiré, on en sépare les noyaux au moyen d'un tamis, et on remet l'infusion dans la cruche, en y ajoutant une livre de sirop de raisins bouillant par pinte. Au bout d'un mois, on tire à clair le ratafia par la chausse, et on le distribue dans des bouteilles.

Le ratafia de noyaux de pêches se prépare de la même manière ; mais ces deux liqueurs ont un caractère particulier qui les distingue : l'un a la saveur de l'abricot, l'autre celle de la pêche. Cette différence ne vient pas de l'amande du noyau, mais du bois, dans lequel réside l'arome. Ce parfum étant fort délicat, il faut bien se garder de mêler aucun aromate étranger à l'infusion, ni de le concasser comme la cannelle, par exemple, le clou de girofle, le macis ; ce serait le moyen d'enlever au ratafia le parfum naturel qu'il faut conserver et dont il porte le nom.

ÉLIXIR DE GARUS. Parmi les liqueurs d'origine

médicinale, il n'y a guère que *l'élixir de Garus* qui se soit conservé dans les pharmacies, vraisemblablement à cause de ses propriétés stomachiques. Sa composition a eu le sort de toutes les compositions célèbres, c'est-à-dire que souvent elle a été altérée par les commentateurs. La recette qu'en donne M. *Bouillon-Lagrange* dans sa *Chimie du goût et de l'odorat,* me paraît la plus recommandable. On pourrait substituer au sirop de capillaire aromatisé qu'elle prescrit, le sirop doux de raisins, et le mêler en proportion double avec le produit spiritueux.

De tous les essais qui ont été faits en ce genre avec des vues utiles, ceux de M. *Chansarel,* pharmacien à Bordeaux, m'ont paru les plus intéressans et les plus dignes d'être cités. Il a mêlé le sirop doux de raisins, dans toute sorte de proportions, avec les esprits dont on prépare ordinairement des liqueurs de table, et il est parvenu à obtenir, par ce moyen simple et véritablement économique, un *élixir de Garus,* par exemple, très-agréable. Nous l'engageons à poursuivre ce travail avec le zèle ardent qu'il manifeste dans toutes ses recherches.

COINGS CONFITS. On prend la quantité de coings que l'on veut; on les pèle; on les coupe par quartiers dans leur longueur; on les monde avec soin des pepins et de la membrane dure qui se trouve dans le milieu; on les jette à mesure dans l'eau froide; on met les pepins à part dans une assiette; on y mêle quelques clous de girofle et un peu de cannelle pilés grossièrement, pour en faire un nouet.

Lorsque les coings sont nettoyés, on les met sur le feu avec l'eau dans laquelle ils ont trempé; on les fait cuire jusqu'à ce qu'ils soient tendres; on les retire de dessus le feu; on les range dans un vase; on égoutte bien l'eau, et l'on verse sur eux autant de livres de sirop de raisins que l'on a employé de livres de fruits : on jette le nouet, et, au bout de vingt-quatre heures, on verse tout le sirop dans une petite bassine; on lui fait donner un bouillon; on l'écume et on le verse tout bouillant sur les coings : on continue ainsi tous les jours, jusqu'à ce que le sirop soit devenu épais. Alors les coings sont confits; on les laisse en repos une quinzaine de jours : si l'on s'aperçoit ensuite que le sirop soit devenu plus liquide, on lui fait donner un bouillon ou deux, on l'ajoute aux coings; et lorsque la confiture est refroidie, on la distribue dans des vases appropriés.

En ne couvrant pas le vase où sont les coings chaque fois que l'on y jette le sirop bouillant, on a une confiture d'un jaune blanc; si, au contraire, on le couvre, on obtient des coings rouges.

De cette manière on peut faire des confitures li·
quides avec presque tous les fruits, soit charnus,
soit à noyau.

Pour mettre les coings à l'eau-de-vie, lorsqu'ils
sont confits aux deux tiers, on les range dans des
vases susceptibles d'être fermés exactement ; on
fait ensuite un mélange de deux parties d'eau-de-
vie sur une de sirop bouillant ; on en remplit le
vase dans lequel sont les fruits, de manière que le
liquide surnage ; on bouche bien avec un liége
recouvert de parchemin : au bout d'un mois ou six
semaines, ils peuvent être présentés sur la table.

DES BOISSONS USITÉES DANS L'ÉTAT CHAUD.

Elles n'ont pas laissé de rendre l'emploi du
sucre indispensable parmi nous. La plupart de ces
boissons constituent essentiellement le repas du
matin ; leur usage est encore assez fréquent à diverses époques de la journée : tels sont le punch,
le chocolat, les bavaroises, le café, le thé, &c.

Du punch. Cette boisson, d'origine anglaise,
que nous avons adoptée avec fureur, est aujour-
d'hui très-recherchée, même chez les gens peu
aisés ; elle consomme beaucoup de sucre : mais
c'est le sirop acide de raisins qu'il faudrait employer pour le suppléer, d'abord comme plus économique, et parce qu'en même temps il diminuerait

la quantité de limons nécessaire à cette préparation, fruit devenu fort cher à cause des circonstances de la guerre ; il suffirait d'en ajouter
l'arome par un *oleo-saccarum*, ou par l'esprit de
citron.

BAVAROISE. Ce n'est autre chose qu'une infusion théiforme édulcorée au sirop de capillaire,
coupée ou non avec le lait, qu'on prend également-
ment dans l'état bouillant, et qui ne perdrait aucun
de ses avantages si l'on y substituait le sirop de
raisins.

CHOCOLAT. C'est moins dans la capitale que
dans nos villes maritimes que les habitans sont
accoutumés à faire leur chocolat avec un cacao
broyé seul, sans sucre et sans aromates, mis en une
seule masse ou bâton du poids d'environ une livre
et demie : on pourrait, en préparant ce chocolat
pour le boire, y ajouter, au lieu de sucre, du sirop
de raisins dans la proportion convenable, d'autant
mieux que quelquefois il est nécessaire de le
priver d'une amertume insoutenable, pour avoir
été fait avec le cacao trop vert. Mais nous ne
pensons pas que la substitution soit praticable
pour le chocolat ordinaire, d'autant mieux que le
sirop, par sa forme, ne peut entrer dans la composition, qui demande du sucre en poudre.

THÉ. On nous a bien écrit des départemens

méridionaux, que le sirop doux de raisins s'alliait merveilleusement avec cette boisson universellement usitée ; mais comme nous savons qu'il porte avec lui une saveur particulière composée de celle qui tient du fruit et du procédé employé à sa préparation, nous ne sommes pas sans craindre que toujours il ne masque cette odeur de violette qu'on aime à rencontrer dans le thé, odeur tellement fugace, que la qualité de l'eau employée à son extraction suffit pour l'anéantir.

CAFÉ. Nous ne pensons pas non plus que le sirop doux de raisins puisse conserver ce *gratter*, ce bouquet que les gourmets recherchent avec tant de sensualité dans le café ; à moins qu'il ne soit question, sous ce nom, de cette boisson âcre, amère, empyreumatique, préparée avec des marcs de café trop brûlé, et dans lequel se trouvent des racines amères bien torréfiées : alors il n'y a réellement que le sirop, en grande quantité, qui soit capable de couvrir cette amertume nauséabonde, et d'en rendre l'usage supportable ; quelle que soit la saveur qu'il lui communique, elle sera infiniment moins désagréable.

On pourrait, à l'aide des procédés que M. *Appert* vient de publier dans un ouvrage ayant pour titre, *l'Art de conserver pendant plusieurs années toutes les substances végétales et animales*, on pourrait faire,

X 4

(328)

avec le moût de raisins, sans avoir recours au mutisme, dans toutes les saisons de l'année, du sirop,
ou conserver le sirop moins cuit sans craindre qu'il
éprouvât la fermentation. Déjà les pharmaciens et
les confiseurs mettent en usage ce moyen pour les
sucs de groseilles, de framboises, &c.; il les dis-
pense d'employer, au moment où l'on récolte ces
fruits, une aussi grande quantité de sucre, et leur
permet de ne s'en servir qu'à mesure du débit des
sirops, sans avoir besoin de s'y prendre d'avance
pour en prolonger l'existence.

DES CRÊMES ET FROMAGES GLACÉS.

Comme il faut, pour la préparation des objets
dont il s'agit, beaucoup de sucre, et souvent le
plus beau, il m'a paru qu'il était également utile
d'essayer de le suppléer.

Pour donner un grand essor à cette branche
d'industrie, et stimuler l'émulation générale, j'ai
cru devoir prier M. *Corvisart* de présenter le sirop
de raisins à l'Empereur, ce qu'il a fait avec cet
empressement qui caractérise son amour bien
connu pour les objets utiles.

Sa Majesté l'a goûté, le 10 mars, et a ordonné
sur-le-champ à son premier chef d'office (M. *Colin*),
de lui en faire une glace, qu'Elle a trouvée *aussi
parfaite que si elle avait été préparée avec le sucre le*

plus raffiné, et Elle a voulu que l'expérience fût, dès le lendemain, rendue publique.

Depuis cette circonstance mémorable, l'attention s'est arrêtée sur le sirop de raisins ; chacun a voulu faire des essais. M. *Colin*, qui a continué les siens, a remarqué que ce sirop peut réussir, toutes les fois qu'on l'associe avec des aromates qui masquent le goût inséparable de son fruit, tels que la vanille, la cannelle, &c. et dans les crêmes grillées. Il a encore remarqué qu'il fallait une moindre quantité de sirop que de sucre, parce qu'il ne se lie pas aussi facilement avec les crêmes.

Il n'est pas douteux que ces objets, qui procurent pendant l'été tant de jouissances à ceux qui s'en régalent, n'acquièrent bientôt, dans des mains aussi habiles, un grand degré de perfection ; et ce sera un service dont on aura l'obligation à M. *Colin*.

HYDROMELS.

Les voyageurs nous ont appris que la boisson favorite des anciens Péruviens était préparée avec le maïs fermenté, dont ils adoucissaient souvent l'acidité avec le miel. Cette substance peut donc encore, sans le concours des grains et d'aucun levain, donner des liqueurs vineuses.

Les habitans des cantons qui récoltent beaucoup de miel, et où la vigne ne saurait prospérer, pourraient suppléer à la rareté des vins par cette boisson connue sous le nom générique d'*hydromel*. On en distingue de plusieurs espèces ; faisons - en connaître les principales.

HYDROMEL SIMPLE. Il paraît qu'avant d'avoir connu l'usage des liqueurs vineuses, les premiers peuples ont commencé par boire une eau sucrée, composée à-peu-près d'une partie de miel sur douze de fluide aqueux ; que, pour couvrir la fadeur de cette boisson, et lui donner un peu de montant, ils eurent recours ensuite à l'emploi de quelques plantes aromatiques, et enfin à la fermentation.

On délaie dans trois parties d'eau tiède une partie de miel, d'où résulte une boisson sucrée, sans qu'il soit nécesssaire de la présenter au feu, attendu que cette substance, exposée au degré de l'ébullition, se décompose, contracte un goût de brûlé désagréable, et des propriétés diamétralement opposées à celles qu'elle possède naturellement.

Cet hydromel sert assez ordinairement de tisane commune, dans les hôpitaux, aux malades affectés de la poitrine. On peut la rendre plus agréable, plus salutaire, et plus susceptible d'étancher la soif quand il fait chaud, en y mêlant le suc de groseilles, de framboises, et en la tenant dans un lieu frais.

Mais, pour que l'hydromel perde de sa fadeur

et se conserve pendant un certain temps, il faut que le miel qui en fait la base change de nature ; ce qui ne peut avoir lieu que par le secours de la fermentation. La boisson alors acquiert tous les caractères d'une liqueur vineuse, donne par la distillation de l'alcool, et par l'acétification un véritable vinaigre.

HYDROMEL VINEUX SIMPLE. Nos aïeux semblent avoir eu une propension décidée pour les boissons fermentées ; les sucs des fruits, soit doux, soit austères, n'étaient pas capables de flatter leur sensualité, peut-être aussi de satisfaire les vrais besoins de la nature ; il n'est pas étonnant qu'ils aient cherché à en obtenir des liqueurs piquantes, vineuses et fortes, en mettant à contribution les ressources que le climat leur offrait.

La préparation de l'hydromel vineux consiste à mettre deux parties de miel sur autant d'eau dans une chaudière sur le feu, et à réduire la liqueur à la moitié de son volume. Dès qu'elle a pris assez de consistance pour qu'un œuf frais puisse nager à la surface, on juge qu'elle est suffisamment concentrée.

On se précautionne d'un baril neuf, devant contenir la moitié de la liqueur qu'on a intention de faire ; l'autre moitié est destinée à le remplir pendant et après la fermentation : on lave ce baril avec de l'eau bouillante, puis avec une bouteille de vin blanc et un peu d'eau-de-vie, afin qu'il ne conserve aucune odeur désagréable ; on remplit le baril avec l'hydromel tout chaud, et on bouche légèrement la bonde avec un tuileau ; on met le surplus de l'hydromel dans des bouteilles, que l'on bouche avec un linge clair, et on les met de côté, afin de remplacer la portion de liqueur à mesure que la fermentation l'expulse du tonneau sous forme d'écume.

Pour déterminer la fermentation, il convient de placer la liqueur dans un endroit chaud. Dans le nord, où cette boisson se prépare en grand, on met les tonneaux dans des étuves, où l'on entretient, jour et nuit, une chaleur de dix-huit à vingt-cinq degrés. La fermentation s'établit au bout de six à huit jours : elle dure environ six semaines, et cesse d'elle-même.

Dans notre climat, on se sert de deux moyens pour établir la fermentation : l'un consiste à placer le baril au coin d'une cheminée dans laquelle on entretient jour et nuit un petit feu ; on met encore les barils derrière un four qui est continuellement chaud : au bout de sept à huit jours, la liqueur jette une écume épaisse et bourbeuse, qui occasionne un vide qu'on a soin de remplir avec l'hydromel des bouteilles mises en réserve. Les phénomènes de la fermentation vineuse subsistent pendant deux ou trois mois, selon la température; après quoi, ils diminuent et cessent tout-à-fait. Dans l'autre moyen, on expose la liqueur au soleil brûlant de la canicule.

L'hydromel peut se préparer dans tous les temps de l'année, dès que, pour le faire, on se sert de l'étuve; mais lorsqu'on veut le mettre au soleil, il faut l'y laisser exposé jusqu'à ce que la fermentation s'arrête d'elle-même, ce qui arrivera au bout de trois à quatre mois.

Quand on place l'hydromel au soleil pour exciter la fermentation, il faut élever le baril à un demi-pied de terre, et avoir quelque attention relativement aux abeilles et autres insectes attirés par l'odeur de la liqueur. Dans la chaleur du jour, la liqueur se gonfle; et quand le baril est suffisamment plein, l'écume s'élève par la bonde et reflue des deux côtés du baril; mais lorsque le soleil est couvert, et pendant les nuits, la liqueur se condense, c'est-à-dire, diminue de volume, et le baril cesse d'être plein. Dans le premier cas, les abeilles lécheront, sans danger pour elles, ce qui s'écoulera du baril; mais dans le second cas, il faut boucher la bonde avec une planchette ou une calotte de plomb, quand on jugera que la liqueur est raréfiée et qu'elle va jeter son écume.

Aussitôt que les phénomènes de la fermentation ont cessé, et que la liqueur est devenue bien vineuse, on transporte le tonneau à la cave, on le bonde exactement; un an après, on le met en bouteilles que l'on bouche bien; on laisse les bouteilles debout pendant un mois, on les couche ensuite comme la bière : on veillera pendant environ deux mois pour voir si les bouchons ne sautent pas.

Après que les rayons des ruches ont été mis sous presse pour en retirer le miel qu'ils renferment, le marc qui en provient, jeté dans l'eau, et exposé à la chaleur du soleil, fournit une espèce de piquette d'hydromel vineux.

HYDROMEL VINEUX COMPOSÉ. On peut varier la qualité d'hydromel par différens mélanges, et le concentrer comme nous l'avons dit plus haut; mais quand la liqueur est rapprochée, on y met un quart ou un sixième, soit de bon vin vieux, soit de jus de fraise ou d'orange, &c. : on mêle le tout, on laisse bouillir la liqueur que l'on écume; et, quand l'œuf surnage à sa surface, on la retire pour la disposer, ainsi que cela se pratique, à la fermentation.

Lorsque l'hydromel vineux est bien fait, et qu'il a été conservé avec soin, c'est une espèce de vin de liqueur assez agréable; on lui trouve néanmoins, pendant assez long-temps, une saveur de miel qui

ne plaît pas à tout le monde; mais il la perd insensiblement; il serait même possible de la faire en
quelque sorte disparaître plutôt, en y ajoutant, pendant que la liqueur est encore en fermentation dans
le tonneau, de la fleur de sureau renfermée dans un
nouet, et quelques-uns des aromates indiqués par
Olivier de Serres, tels que gingembre, poivre, girofle, &c. Voici la recette d'un hydromel vineux
composé, que m'a adressée M. *Antoine*, pharmacien-
major en Espagne, et dont il a retiré le quart de
son poids en eau-de-vie à vingt degrés :

Miel despumé, six kilogrammes;

Tartrite acidulé de potasse, soixante · quatre
grammes;

Fleurs de sureau, quatre-vingt-seize grammes;
Eau commune, dix-huit kilogrammes;
Levure de bière, un kilogramme.

On fait infuser la fleur de sureau dans l'eau
bouillante, et, au bout d'un quart d'heure, on y
introduit le tartrite acidulé de potasse, qu'on peut
rendre un peu plus soluble par l'addition de quelques grains d'acide boracique : quand l'infusion commence à se refroidir, on y délaie le miel et la levure;
on place le tout à une température de vingt - cinq
degrés environ du thermomètre centigrade, pendant
quinze jours; et, lorsqu'on desire obtenir un hydromel beaucoup plus spiritueux, il faut y ajouter

depuis un demi jusqu'à un kilogramme d'alcool de mélisse ou autre ; mais , dans ce dernier cas, on doit prendre garde de ménager la fermentation, et éviter qu'elle ne soit trop tumultueuse.

Ce pharmacien distingué a fait quelques recherches sur les eaux-de-vie : il a remarqué que, si la pêche en fournissait peu, elle avait, en revanche, un parfum et une saveur extrêmement agréables ; celles qu'il a retirées des groseilles rouges et blanches ne l'ont pas également satisfait.

L'emploi des conserves de raisins du midi serait une chose à tenter dans la préparation des hydromels vineux : peut-être que mêlées en certaines proportions avec le miel et un arome quelconque, il en résulterait, au moyen de la fermentation, des boissons infiniment plus agréables, susceptibles de contracter une saveur approchant de celle des vins d'Espagne, et de paraître sur les meilleures tables, revêtues du nom de vins de Madère, de Malvoisie. Ces vins sont encore un objet de fabrique que je vais indiquer.

VINS DE LIQUEUR.

Il existe entre eux une infinité de nuances que je ne chercherai pas à saisir ; mais je pense qu'on ne devrait appeler *vin de liqueur* que celui qui, après avoir subi la fermentation qui lui est propre,

jouit

jouit encore d'une saveur sucrée, ne peut rester assez long-temps dans toutes les températures sans s'altérer.

Parmi les vins de liqueur qui, dans un temps de disette, seraient en état de figurer dans la collection d'un marchand de vins, je pourrais indiquer quelques recettes à l'aide desquelles on parviendrait à les imiter, en y employant des raisins secs mêlés avec de l'eau chaude, quelques litres d'eau-de-vie et du sirop de raisins doux ou acide, de la mélasse ou du miel dans certaines proportions, et pour arome, des fleurs de sureau ou d'orvale : mais il y aurait de l'imprudence à faire connaître tous les moyens mis en usage dans cette vue ; on est déjà trop enclin à ce genre de fabrication et de commerce ; mon intention n'est pas de favoriser des spéculations homicides.

En général, on pourrait, dans les parties les plus méridionales de la France, obtenir avec toutes les espèces de raisins que nous avons désignées comme les plus propres à faire des sirops, des vins de liqueur aussi parfaits que les plus estimés qui viennent de l'étranger ; il suffirait d'employer les procédés dont on se sert, de saturer le moût en partie, puis de le réduire au tiers ou à la moitié de son volume, et, en le versant dans la cuve, d'y ajouter de la conserve ou du sirop de

Y

raisins et un aromate quelconque. C'est assez qu'une portion de mucoso-sucré échappe à la fermentation, devienne dans le vin l'intermède de l'union des principes, et qu'il en soit le condiment. Ce vin, si l'on attend pour le boire qu'il ait une année de tonneau ou de bouteilles, aura toujours un caractère de vin de liqueur.

Le moment est propice pour tirer un parti avantageux des vins qui résulteraient des raisins ainsi traités. Pourquoi s'en approvisionner à Malaga, aux îles de Chypre et de Madère, lorsque le vin de paille qu'on fait en Alsace et en Touraine leur est au moins comparable! On ne peut disconvenir que celui de Frontignan, de Lunel et de Rives-altes ne les surpasse. Appliquons-nous à rendre ces vins aussi bons qu'ils peuvent l'être, afin d'en assurer le débit dans toute l'Europe, et faisons en sorte que les productions du sol de la patrie et nos ressources nationales aient aussi leurs prôneurs.

Mais au lieu de composer ces vins de liqueur extemporanés avec des vins médiocres déjà tout faits, et dans lesquels les ingrédiens qui les constituent jouissent de leur propriété respective et sont isolés, ne vaut-il pas mieux employer immédiatement à leur préparation des matières muqueuses et aromatiques prises dans différentes sources, les mélanger et faire toujours concourir la fermentation, afin d'obtenir un résultat plus homogène, mieux combiné, plus susceptible de se conserver, et de s'améliorer avec le temps !

Les traités d'économie domestique fourmillent de recettes pour contrefaire les vins de liqueur : quel que soit le pays qu'on habite, les plus tolérables sont celles qui recommandent le miel, les raisins secs, les sucs doux des fruits à pepins et à noyaux, pour obtenir, au moyen de proportions convenables et du secours de la fermentation, un produit vineux préférable à tous ces résultats d'ateliers obscurs, qui sont bien éloignés de réunir les qualités des vins qu'on a la prétention de vouloir imiter plus ou moins parfaitement.

Ces vins de liqueur, préparés de cette manière, sont absolument incapables de porter aucun préjudice à notre commerce et à la santé ; sous la condition cependant que ceux qui les fabriqueraient, ne feraient pas payer trop cher aux consommateurs crédules les produits de leur industrie : car c'est toujours une fraude condamnable que de pareils vins, quand ils sont vendus le même prix que ceux des cantons dont ils portent le nom et la livrée.

Il n'est personne qui ne sache combien la cupidité est active pour falsifier les alimens et les boissons. On a vu, dans ces derniers temps, des empiriques tentés de faire de l'eau une médecine universelle, un spécifique propre à combattre avec efficacité toutes les maladies et soulager tous les maux, à la faveur de quelques stratagèmes, soit en la décorant d'un beau nom, soit en lui communiquant une teinte verte ou couleur de rose, pour en imposer à la crédulité et à l'imagination. Il serait bien à souhaiter, pour le bonheur de la société, que dans son sein il n'y eût pas de charlatans plus téméraires.

On ne saurait être dans la même sécurité pour ceux qui fabriquent hardiment et sans pudeur, toute l'année, à Paris, à Amsterdam, à Londres, à Dunkerque, à Marseille, des vins de Malaga, de Madère, de Champagne et de Bourgogne, au-delà même de ce que produisent ces vignobles célèbres. Les contrefacteurs ne sont pas moins nombreux dans les autres genres de commerce.

Je dois dire cependant, à la décharge de ces spéculateurs avides, qu'éblouis par le succès de la vente des objets qu'ils composent de cette manière, ils sont peut-être éloignés d'entrevoir toutes les conséquences de leurs prévarications ; on pourrait même avancer que, quelque desir qu'un homme ait d'augmenter sa fortune, s'il est intimement persuadé que les moyens qui doivent y concourir sont une suite d'attentats à la vie de ses concitoyens , cet homme en sera effrayé , si son ame n'a pas encore acquis ce degré d'atrocité qui , heureusement, forme le caractère du très-petit nombre.

Heureux néanmoins les consommateurs que fournissent ces fabricans subalternes , quand ils sont assez honnêtes pour se contenter de n'introduire dans leurs vins de détail , que des matières innocentes , telles que le sucre et ses modifications , l'extrait de raisins pour adoucir ceux qui sont verts ou acerbes , les vins de teinte pour colorer ceux qui ne sont pas assez foncés , les vins riches en alcool pour échauffer les vins plats, enfin des aromates pour donner ou remplacer dans plusieurs le parfum qui leur manque ! Malheur aussi aux marchands qui ont assez peu de respect envers l'humanité, pour employer, dans ce genre de fabrication , des substances *délétères !*

C'est donc sur ces hommes qui se jouent de la vie de leurs concitoyens, que l'œil actif et vigilant du magistrat qui préside à la police de Paris, doit perpétuellement s'arrêter, puisqu'ils vendent pour vin une liqueur qui n'en est point , qu'ils portent un préjudice notable à la culture de la vigne et au commerce des vins. N'avons-nous pas déjà trop de nos maux réels et inévitables , sans encore trouver

le germe d'une foule d'autres dans les objets destinés précisément au maintien de notre existence
et de notre conservation !

On reconnaît que les vins de liqueur sont factices, non-seulement par la dégustation (un palais
exercé s'y trompe rarement), mais encore en les
exposant dans une cuiller sur le feu ; au premier
bouillon, la vapeur qui s'en exhale prend feu à la
flamme d'une bougie allumée, et laisse, pour résidu,
une matière extractive comparable à la mélasse ou
au miel, selon la nature du corps sucrant employé.

Il faut, il est vrai, se donner de garde de confondre et de reléguer dans la classe des vins factices,
des vins frelatés, ceux des vins naturels qui ne deviennent potables que par leur mariage avec des
vins tout faits, mais de crus et de qualités différens,
désignés par les marchands sous le nom de *vin coupé*.
J'ai cru devoir, pour l'intérêt des consommateurs,
publier quelques observations sur cet article. J'en
rappellerai les principales.

On appelle *vin coupé*, tout vin qui résulte de
l'union plus ou moins intime, à des temps opportuns
et dans des proportions relatives, des petits vins
blancs et légers du nord avec des vins rouges,
grossiers et généreux du midi : l'expérience journalière prouve que ces vins, aussitôt après leur
mélange, se prêtant réciproquement des secours,

se corrigent l'un par l'autre, c'est-à-dire, qu'ils donnent de la force et du corps à ceux qui sont faibles et légers, de la couleur et du parfum aux vins qui n'en ont pas suffisamment; ils s'améliorent, en un mot, et pour la dégustation, et pour les effets économiques. Il faut cependant différer peu de les consommer dans l'état où ils se trouvent, et ne pas espérer qu'ils se bonifient par le temps , soit qu'ils demeurent en tonneau ou qu'ils soient mis en bouteilles. Cette pratique, adoptée de temps immémorial, ne paraît pas nuire à la santé; et ce serait à tort qu'on voudrait en interdire l'usage, et qualifier de sophisticateurs ceux qui , pour perfectionner les objets de leur commerce, ont recours à des moyens aussi innocens. Dans ce cas, ils méritent plutôt des éloges que des reproches; et c'est aux hommes qui ont appliqué les sciences qu'ils cultivent à la vinification, qu'il appartient de les aider sur ce point.

Il n'en est pas de même de ces compositions vineuses extemporanées que préparent clandestinement, dans l'intérieur des grandes villes, des hommes audacieux qui ont la prétention d'imiter les vins d'ordinaire, les vins fins de Bourgogne, de Champagne et de Bordeaux , enfin les vins de liqueur les plus renommés en Europe : l'usage qu'on en fait au petit verre à la fin du repas comme d'un ratafia, peut bien n'entraîner aucun inconvénient ; mais celles de ces compositions vineuses qu'on vend sous le nom de vin d'ordinaire, ne doivent pas inspirer la même sécurité. Formées de beaucoup d'élémens hétérogènes, elles sont d'une consommation plus considérable ; destinées à apaiser la soif ou à accompagner tous les mets depuis le commencement du repas jusqu'à la fin, elles peuvent imprimer aux alimens leur caractère, déranger l'estomac, troubler la digestion plutôt que de la favoriser. Ces vrais sophisticateurs ont beau s'envelopper du mystère et masquer leurs opérations ténébreuses, ils ne peuvent échapper à l'analyse chimique qui les décèle sur-le-champ, dévoue leur art et leur nom à l'animadversion publique.

RÉFLEXIONS GÉNÉRALES SUR LE SUCRE.

Nous l'avons dit, et nous le répétons, parce que la circonstance l'exige : quelle que soit la crise où l'homme se trouve, jamais il ne veut réduire sa consommation au strict nécessaire ; toujours il réclame impérieusement la même quantité et la même forme dans les objets destinés à remplir ses premiers besoins ; et pour se les procurer, il met tout à contribution, il s'agite, il s'inquiète, il se tourmente, et tourmente ceux qui, par état ou par la place qu'ils occupent dans les administrations publiques, sont chargés d'y pourvoir. Il serait moins à plaindre, s'il n'avait que les fléaux de la nature à redouter.

Le bon ton, l'oisiveté et d'autres causes ont souvent plus de part à la consommation du sucre que les besoins réels. Les éloges exagérés qu'on en a faits relativement à ses propriétés médicales, ont déterminé certaines habitudes qui ne nous paraissent pas toujours fondées ; et si nous nous avisions de vouloir dogmatiser en médecine, nous ne serions point embarrassés de démontrer que l'eau sucrée, par exemple, prise immédiatement après le repas, contrarie, trouble plutôt la digestion qu'elle ne la favorise. Ne faut-il pas digérer cette eau sucrée, au moment où l'estomac est rempli ! N'est-ce pas encore une surcharge qu'on lui donne ! Combien de fois le sucre dont on couvre les fruits, n'en fait-il pas disparaître l'arome et la saveur agréable ! Heureusement que ce goût effréné des citadins de toutes les classes pour le sucre, n'a pas gagné les habitans de nos campagnes, qui sont peu disposés à abandonner leurs déjeûners substantiels ; sans quoi, le sol du Nouveau-Monde, couvert exclusivement de cannes, suffirait à peine pour fournir le sucre nécessaire à satisfaire les habitans de l'ancien continent. Il n'est donc plus possible maintenant de révoquer en

doute que la France parvienne un jour, sinon à
s'affranchir du besoin du sucre des colonies, à en
diminuer au moins la consommation par le moyen
du sucre de raisins. Qu'il nous soit permis de terminer par quelques réflexions sur cette matière.

Nous avons dit, au commencement de ce Traité,
qu'on retirait du sucre d'une foule de plantes ; que
les animaux eux-mêmes fournissaient des produits
qui s'en rapprochent tellement par leurs qualités
spécifiques, qu'il serait difficile de ne pas les classer
sous le même nom, le *sucre de lait,* le *sucre de la
bile,* le *sucre de l'urine diabétique ;* mais ces produits
n'ont souvent de rapport entre eux que la saveur
douce qui en fait un assaisonnement agréable ; et
si l'on compare leurs autres propriétés caractéris-
tiques avec celles du sucre de canne, telles que la
solubilité dans l'eau, la cohésion de leurs masses,
leur plus ou moins grande altérabilité par l'action
de l'air, de la lumière et du feu, on est bientôt
forcé d'établir différentes espèces de sucre, le sucre
cristallisable, le sucre simplement concrescible, et
le sucre essentiellement liquide.

Mais ce qui rend le sucre de canne le plus précieux et le plus parfait de tous, c'est principalement
sa saveur franche, son intensité sucrante, sa facile
solubilité dans l'eau et dans l'alcool, et sa puissance
de cristallisation : comme assaisonnement, il n'in-

troduit dans les substances auxquelles on l'ajoute aucune autre saveur que la douceur qui lui appartient, et, sous de faibles proportions, il relève beaucoup leur fadeur ou masque mieux leur goût comme condiment.

A la vérité, cette réunion de qualités qui semble annoncer que les élémens qui composent le sucre de canne sont intimement unis et dans des proportions plus convenables, cesse bientôt d'exister dans les climats même où la canne est cultivée avec le plus de succès, lorsque, par une cause quelconque, la plante n'a pas atteint le complément de sa maturité ; elle ne donne alors qu'un vesou très-chargé de mucoso-sucré, une moscouade peu grenue, qui devient même encore plus molle et plus pâteuse, si le degré de cuisson qu'elle éprouve dans les sucreries n'est pas conduit avec méthode.

Les notions que nous possédons sur les propriétés des autres espèces de sucre, sont encore bien faibles, relativement à celles du sucre ordinaire, à la perfection duquel on travaille depuis un siècle : aussi l'application du sucre concret de raisins aux besoins de l'économie domestique, et l'aptitude qu'il a de le suppléer dans la plupart de ses usages, sont-elles encore tout en théorie, tout en espérance. J'en appelle à l'expérience : quel parti a-t-on tiré jusqu'à présent de ce sucre pour diminuer la consommation de celui des colonies ? quels services a-t-il rendus ?

Les sirops, au contraire, sont aujourd'hui l'objet d'une grande fabrication ; le commerce en a fait une branche très - importante de spéculation ; ils ont procuré des résultats qui dépassent nos premières espérances, et portent loin celles qu'il nous est permis de concevoir ; les établissemens formés pour les préparer en grand, ont déjà concouru, avec nos guerriers, à soustraire l'Europe au monopole odieux de l'ennemi du continent, et à procurer aux vignerons la faculté de travailler leurs vignes, qui, dans ce moment, offrent le tableau le plus déplorable.

Pourquoi cette différence dans le succès des deux propositions faites à la même époque ? C'est que le sucre de raisins exige, pour sa préparation, des procédés qui doivent être appropriés à la nature de ce sucre, et présente une opération dispendieuse et compliquée, impraticable dans toutes les localités ; qu'on n'y parviendra qu'après beaucoup de tâtonnemens et d'essais qui seraient probablement assez longs, si l'esprit public, qui s'éveille à la voix du héros qui dirige les destinées de la France, ne tournait vers cet objet du plus grand intérêt, tous les efforts du savoir, toute l'activité de l'industrie, de manière à abréger l'attente d'une révolution aussi desirable.

Le sucre de raisins que M. *Proust* nous a le premier fait connaître, ne laisse rien apercevoir qu'on puisse comparer à de véritables cristaux. La compression et l'emploi de l'alcool peuvent le réduire à l'état sec, et en faire une espèce de moscouade susceptible même de perdre sa couleur, de se transformer en masse solide décidément sucrée. L'impression qu'elle produit sur les organes est d'une saveur qui n'a rien de désagréable; mais elle ne craque pas sous la dent comme le sucre ou les cassonades; elle se fond dans la bouche, et son peu de cohésion empêche ses molécules de se réunir en cristaux solides. Si l'on en met une pincée sur du papier, et qu'on l'expose à une vive chaleur, bientôt elle se liquéfie comme de la graisse, et passe à l'état de sirop; au lieu que le sucre de canne, soumis à une pareille épreuve, augmente de consistance.

Cette dernière propriété du sucre de raisins prouve la nécessité de varier les procédés qu'on doit employer pour le perfectionner; mais je puis annoncer, quant à présent, qu'il est possible d'obtenir de ce fruit un sucre absolument distinct, et par l'effet sucrant, et par le grain qui le rend cassant sous la dent. Cette circonstance ne saurait diminuer en rien les droits assurément bien légitimes que M. *Proust* a acquis à notre reconnaissance.

Malgré l'infériorité en faculté sucrante du sucre

de raisins, comparativement à celle du sucre de
canne, il ne nous importe pas moins d'en appro-
fondir la nature, de la bien étudier, et de connaître
les qualités qu'il a pour le suppléer. Sa saveur douce
est assez prononcée, pour qu'il soit avantageux de
le travailler en grand, et pour qu'on puisse espérer
de rendre par ce moyen la consommation du sucre
bien moindre, en le remplaçant pour tous les
usages auxquels il pourrait convenir ; on peut être
assuré d'avance que ces usages deviendraient de
plus en plus nombreux, à mesure que l'emploi de
ce sucre dissiperait les préventions attachées à la
consommation exclusive du sucre de canne : ce
serait déjà avoir beaucoup gagné, que de pouvoir
trouver dans une de nos productions indigènes
abondantes, une cassonade à bon compte, plus ou
moins blanche, plus ou moins propre à assaisonner
nos alimens, nos boissons et nos médicamens,
dans les différens cas où les sirops ne conviennent
pas, nuisent même à la saveur et à la manière d'être
des substances qu'on veut édulcorer.

Je crois en avoir assez dit sur l'utilité qu'il y aurait
d'extraire du raisin un sucre concret, avec l'économie nécessaire sous cette forme, pour autoriser
qui que ce soit à m'imputer le tort d'avoir cherché
à décourager ceux qui ont entrepris d'assimiler ce
sucre, dans la plénitude de ses effets, à celui de

canne. Personne n'est moins éloigné que moi d'ac-
cueillir toutes les formes possibles que prend le
sucre de raisins ; personne n'est plus fortement pénétré de cette vérité, que chacune de ces formes a
des avantages qui lui sont propres, et que les introduire toutes dans le commerce, c'est multiplier
le plus possible les applications qu'on peut en
faire, suppléer d'autant le sucre des colonies, et
apprendre de plus en plus à s'en passer.

On pourrait préparer dans les fabriques et répandre dans le commerce plusieurs qualités de ce
sucre concret plus ou moins épurées, pour être
appropriées à des emplois différens. Je dois même
ajouter qu'un semblable travail, exécuté en grand,
rendrait encore utiles les raisins noirs du midi, qui,
à cause de leur couleur, ne donnent que des sirops
d'un aspect moins agréable, et auxquels une teinte
un peu foncée attache une défaveur particulière,
lorsqu'ils sont en concurrence avec les sirops provenant de raisins blancs. Ce ne serait pas là un
léger avantage, dans la perspective qui nous est
offerte, de travailler avec succès à la fabrication
du sucre concret de raisins, puisque la source d'où
nous prétendons l'extraire, prend aussi une extension incalculable, au lieu que, dans la préparation
des sirops, le fabricant se voyait à-peu-près obligé
de se réduire aux qualités de raisins blancs, et de

borner ainsi ses travaux et ses spéculations, suivant leur plus ou moins grande multiplication. Il paraît même, d'après une observation que m'a communiquée M. *Anglada,* que, si les raisins noirs donnent une moscouade d'une consistance plus foncée en couleur que celle des raisins blancs, la première offre en revanche plus de grain, une saveur plus sucrée, moins pâteuse, et n'attire pas autant l'humidité que l'autre : on dirait qu'elle tient de plus près à la moscouade de canne ; qu'elle s'éloigne moins du sucre vraiment cristallisable.

Mais, lors même qu'on serait parvenu à préparer en grand et avec facilité le sucre concret du raisin, on ne pourra jamais alléguer aucun motif plausible, aucune bonne raison, pour faire renoncer à la préparation des sirops et leur contester que tout le bien qu'ils ont opéré, au milieu de l'élan qu'a pris cette branche d'industrie, n'aurait pu jusqu'à présent être réalisé, au même point, par aucune autre production sucrante tirée du raisin ; en un mot, les sirops auront toujours l'avantage de l'économie et de la simplicité dans le procédé : la famille pourra en préparer sa provision dans l'intérieur du ménage, et le fabricant les livrer à meilleur compte que le sucre concret, à cause de la différence de main-d'œuvre, et sur-tout des déchets inévitables dans sa confection.

Jusqu'à

Jusqu'à présent nous n'avons montré le raisin que comme pouvant fournir du sirop ou une moscouade d'une saveur sucrée, mais non susceptible encore d'acquérir le grain du sucre de canne et d'en prendre la forme ; nous n'avons signalé dans le vesou de ce fruit que les deux espèces de sucre indiquées par M. *Proust,* savoir, le mucoso-sucré et une substance concrescible qui, dans son état solide, au lieu de présenter de vrais cristaux, n'offre qu'une réunion de globules creux auxquels on ne peut donner de la consistance qu'à l'aide d'une pression mécanique ; ce qui n'est pas même son seul défaut, comme nous l'avons fait apercevoir : mais telle est la richesse du raisin, que, quand on se bornerait à tirer parti de ces deux sortes de produits, ou de ces deux espèces de sucre, nous pourrions nous promettre de remplacer efficacement le sucre de canne pour le plus grand nombre de ses usages. Quel surcroît d'espérances n'avons-nous pas à concevoir, si l'on peut obtenir du raisin une troisième qualité de sucre qui jouisse d'une certaine force de cohésion, soit décidément cristallisable, devienne capable des opérations du terrage et du raffinage, n'ait rien de cette saveur farineuse qui nuit à la saveur sucrée, et se rapproche tellement du sucre par sa blancheur, sa solidité et la pureté de sa douceur, qu'on puisse

Z

se flatter de satisfaire par elle jusqu'aux préventions de l'habitude, et justifier notre empressement à la répandre !

Nous devons à M. *Anglada* de nous avoir fait connaître un sucre solide de raisins qui est en effet doué des qualités que nous venons d'indiquer, et qu'il suffit de comparer à la moscouade ordinaire, pour se convaincre qu'en effet c'est une toute autre chose : il est en concrétions formées de cristaux pleins, très-consistans et à facettes brillantes; sa couleur est jaunie, à la vérité, par un reste de sirop qui y est adhérent; mais on s'aperçoit que le lavage de ces cristaux les décolore, et l'on voit, à la nouvelle teinte qu'ils prennent et à leur transparence, que les opérations du terrage et du raffinage seraient aisément praticables sur cette substance, et la porteraient à un état de blancheur analogue à celle du sucre ordinaire. La saveur de ce sucre est très-douce, et le cède infiniment peu à celle du sucre de canne; elle n'a rien de farineux, et elle serait très-franche, si on le purifiait de ce dont le simple lavage à l'eau le prive presque complètement, de cette saveur qui tient du fruit. Il en est de même par rapport au sucre de canne; les dépôts qui s'en forment dans le vesou, sont, comme on sait, très-colorés et d'un goût étranger assez fort, dont les purifications subséquentes le dépouillent si bien : on peut même avancer que les premières cristallisations du sucre de canne ne sont pas aussi pures que celles de ce sucre de raisins. Ce que nous disons de la couleur et de la saveur de ce sucre, que nous regardons comme intrinsèquement blanc et d'une douceur franche, d'après quelques essais qui nous en ont convaincu, a acquis depuis lors presque la force d'une démonstration, par l'inspection d'un sucre très-blanc et très-doux, à aspect à-peu-près cristallisé, qui nous a été envoyé de Bergerac par M. *Laroche*, et que nous avons jugé très-voisin du sucre cristallisé de M. *Anglada*.

Cette nouvelle forme du sucre de raisins a été obtenue dans un essai où ce professeur avait exposé à une légère fermentation, du sirop bien saturé, mais encore incomplètement cuit : le mouvement fermentatif ayant été arrêté après un certain temps, le sirop fut remis sur le feu, et acquit le degré de consistance convenable ; peu de jours après, se forma sur toutes les parois du vase qui le contenait, un dépôt de cette matière concrète cristallisée, qui ne tarda pas à être suivie d'une précipitation abondante du sucre concrescible, telle que l'a reconnue M. *Proust*. L'un et l'autre de ces deux sucres solides se distinguaient aisément, en ce que le dernier n'avait qu'une très-faible consistance, au lieu que le premier résistait fortement à l'instrument à l'aide duquel on cherchait à le désagréger. Ce qui atteste encore que celui - ci est doué de plus de force de cristallisation , c'est qu'il s'est séparé du dissolvant avant l'autre, et que sa couche était formée bien avant celle du sucre purement concrescible.

De pareils résultats supposent également , ou que le vesou de raisins contient deux espèces distinctes de sucre capables de prendre la forme solide , l'une seulement concrescible, l'autre vraiment cristallisable ; ou que le sucre concret de raisins , tel qu'on l'avait familièrement obtenu jusqu'ici , n'est pas la forme la plus pure de cette espèce de sucre. M. *Anglada* semble adopter de préférence cette dernière hypothèse : en les discutant toutes deux dans la lettre où il me fait connaître ces résultats , il pense que le sucre concrescible, d'une saveur farineuse, est encore une combinaison de deux produits végétaux, analogue au véritable *mucoso-sucré*, et ne différant peut-être de celui que retient obstinément le liquide, que par des proportions plus considérables du principe sucré ; que la nature peut détruire cette combinaison et isoler davantage le principe sucré par les progrès de la végétation ; que l'art lui-même peut porter ses prétentions jusqu'à rompre cette combinaison , et à produire ainsi un effet analogue à celui de la

nature ; que parmi ses moyens, un mouvement
de fermentation convenablement dirigé et arrêté
à propos, peut agir efficacement en atteignant
seulement le muqueux et respectant le sucre, ce
qui met plus en évidence les qualités de celui-ci.
Aussi le sirop sujet de cette expérience, parfaitement saturé au début de l'opération, était fortement acide lorsque les précipitations du sucre
solide eurent lieu ; preuve d'une altération subie
par quelques-uns de ses matériaux.

C'est un problème de chimie, dont la solution
pourrait avoir d'utiles conséquences, de savoir si
le sucre concrescible de raisins, découvert par
M. *Proust,* est le dernier terme du travail de la
saccharification exécutable par la vigne, ou bien si
ce travail peut aller plus loin, et si l'action plus
soutenue du soleil est en état d'introduire dans
ce produit végétal des modifications qui excellent
sa nature sucrée, et la dégagent plus complétement
de certaines associations capables de la masquer
jusqu'à un certain point. On sent combien, dans
cette seconde supposition, il y aurait à attendre du
perfectionnement de la matière sucrée, soit par les
procédés de la nature, soit par les manipulations
de l'art.

Les miracles opérés par la greffe m'ont autorisé
à penser qu'un croisement d'espèces de vignes,

habilement dirigé, pourrait devenir un moyen très-propre à faire produire aux raisins plus de sucre, et à modifier utilement la qualité de ce même sucre par une élaboration plus soutenue. M. *Anglada* vient de me confirmer dans cette opinion. Il existe, dans les départemens méridionaux de la France, certaines variétés de raisins qui mûrissent très-vîte, mais sont peu sucrées ; on pourrait citer pour exemple ce qu'on nomme, dans les Pyrénées orientales, le *raisin Saint-Jacques*, parce qu'il arrive à sa maturité vers le milieu du mois d'août : au contraire, il est d'autres variétés dont les produits sont fort sucrés, mais chez lesquelles la maturité est très-tardive ; et par conséquent exposée à toutes les variations de température de l'arrière - saison. Greffer celles-ci sur les autres, comme le propose M. *Anglada*, ne serait-ce pas un moyen de donner à la matière sucrée plus de temps pour être complétement formée et élaborée ? Peut-être le sucre concrescible se changerait ainsi plus ou moins complétement en sucre cristallisable ; peut - être qu'elle serait alors travaillée de manière à se rapprocher davantage du sucre de canne. L'observation précédemment citée par M. *Anglada*, savoir, que la moscouade de raisin noir est généralement d'un grain plus sec et moins pâteuse que celle de raisin blanc, semblerait indiquer en effet que la

différence qui sépare le sucre concrescible du sucre
cristallisé, peut être remplie par une série d'inter-
médiaires, et que le sucre de raisins se rapprochera
plus ou moins de l'une ou de l'autre de ces limites,
selon que la lumière et la chaleur exerceront une
influence plus ou moins active : ainsi le mucoso-
sucré se changerait en sucre concrescible par les
progrès de la saccharification, et le sucre concrescible prendrait tous les caractères du sucre cristallisable. L'analyse comparée du vesou exprimé à
diverses époques de la végétation des cannes, et
celle du moût à divers degrés de maturité de raisins,
attestent qu'en effet ces différentes qualités de sucre
se forment les unes aux dépens des autres.

Ces épreuves mériteraient bien d'être suivies
par des hommes instruits, accoutumés à faire des
expériences de ce genre. Le Gouvernement devrait
les provoquer, en autorisant, au jardin de bota-
nique de Montpellier, un établissement pareil à
celui qui s'est formé au jardin du Sénat, sous le
ministère du sénateur comte *Chaptal*, c'est-à-dire,
où l'on rassemblerait tous les plants de vigne qu'on
cultive au midi, et en confier la direction à M. *De-
candolle*, qui entretiendrait, avec notre collègue
Bosc, une correspondance dont l'art de fabriquer
les sirops profiterait. M. *Anglada* pourrait leur être
associé, et chargé de soumettre à l'analyse les

variétés de raisins qui en proviendraient, et de rendre compte des résultats.

On voit, d'après tout ce qui précède, que la fabrication du sucre de raisins peut donner plus de valeur à la vigne, et relever le courage de ceux qui la travaillent ; qu'ils pourraient désormais attendre avec sécurité leur salaire dans tous les temps, puisque le produit, du moins dans une grande partie de nos vignobles, aurait, par cette fabrication, une consommation intérieure assurée, et d'autant plus active que la consommation extérieure éprouverait elle - même plus d'entraves. Mais, dans une révolution de cette importance, le vigneron a aussi sa tâche à remplir pour en assurer le succès ; et son influence peut être incalculable, soit pour propager et étendre l'espèce de raisin la plus propre aux sirops, soit pour perfectionner le sucre qui y existe déjà, soit pour remédier aux moûts imparfaits. Eh ! qu'on ne craigne pas que l'extension de culture donnée à la vigne dans tous les cantons où elle prospère, puisse jamais faire de tort à celle des blés ! Ce n'est pas le nombre des arpens consacrés aux grains qui constitue le produit de nos moissons, mais bien la manière de les cultiver.

Et en effet, on ne peut se dissimuler que la cause principale de la médiocrité de nos récoltes ne réside dans la différence énorme entre la quantité trop petite des prairies et l'étendue démesurée des terres destinées à la culture des blés. Cette différence a été le résultat de la funeste manie des défrichemens ; et il n'est guère possible de la méconnaître, quand on réfléchit sur la conduite opposée de nos voisins, chez lesquels la seule augmentation des pâturages a élevé l'agriculture dans la même proportion que la nôtre s'est détériorée.

Au reste, le sucre se forme tous les jours sous nos yeux : nous voyons le brasseur décomposer l'amidon et augmenter à ses dépens la matière sucrée, en exposant au germoir les semences céréales ; nous voyons les pommes et les poires, après leur soustraction de l'arbre et leur séjour au fruitier, devenir plus sucrées ; nous voyons ces mêmes fruits, amoncelés douze heures avant d'être soumis au pressoir, perdre de leur âpreté, et leurs sucs, qui n'étaient pas tolérables au palais lorsqu'ils se trouvaient logés dans les étuis lamelleux, le devenir, et contracter même, comme par enchantement, une saveur presque aussi sucrée que le moût, lorsqu'ils en sont séparés par la pression du moulin, et qu'ils ont subi l'action de l'air et de la lumière ; enfin nous voyons beaucoup de substances dans lesquelles il n'existe pas un atome de sucre, former par leur combinaison une saveur sucrée. *Fourcroy* assure qu'une dissolution de gomme dans l'eau, ou de l'amidon délayé, où l'on fait passer du gaz muriatique oxigéné, prenait une saveur sucrée, mêlée à la vérité d'une forte amertume. Il y a trente ans que, combinant ensemble de la fécule amylacée de pommes-de-terre avec un peu de tartrite acidulé de potasse [crême de tartre] et de l'eau distillée, j'ai remarqué que ce mélange avait acquis, au bout de quelques mois, une saveur sucrée ; que cette saveur était plus marquée quand je substituais à la crême de tartre de l'acide acéteux. Mon collègue *Deyeux*, qui a répété l'expérience, a observé le même phénomène.

Peut-être un jour l'art parviendra-t-il à saisir le secret de la nature dans la création du sucre : en attendant ce nouveau bienfait des sciences, profitons de nos ressources nationales pour suppléer cette matière dans les circonstances que nous venons d'énoncer, et disposons le mucoso-sucré du raisin à se rapprocher le plus du sucre sec et cristallisable ; voilà ce qui doit être en France, et même pour l'Europe, l'objet de tous les efforts, de tous les vœux et de toutes les espérances.

RÉSUMÉ.

Pour faciliter l'intelligence des procédés renfermés dans ce traité, rendre leur application plus facile et leur utilité plus générale, nous avons pensé qu'un résumé qui n'en contiendrait que la substance, ferait saisir, au premier coup d'œil, ce qui aurait pu échapper à une première lecture, ou que nous aurions omis d'essentiel. Il suit donc de ce qui précède,

1.° Que la vigne est le supplément le plus naturel de la canne, sous le rapport du sucre; qu'aucun végétal, quelle que soit sa fécondité, ne saurait soutenir la comparaison avec cet arbrisseau sarmenteux, dont le fruit nous fournit d'excellens sirops doux ou acides, les meilleurs vins, les eaux-de-vie les plus délicates et les vinaigres les plus estimés;

2.° Que le sol qui convient à la vigne, n'étant propre ni à la culture des grains, ni à celle des prairies, on doit s'empresser de le couvrir de cet arbrisseau, dans les cantons qui lui sont le plus favorables, sans crainte de diminuer le produit des moissons;

3.° Qu'il existe beaucoup de terrains au midi qui, ne rapportant pas en grains la semence qu'on y a jetée, deviendraient plus utiles au propriétaire et au commerce s'ils étaient plantés en vigne;

4.° Que dans nos meilleurs pays vignobles, il y a des variétés de raisins tellement riches en matière sucrée, qu'il ne faut pas balancer à préférer de les employer à la chaudière plutôt qu'à la cuve ;

5.º Que les raisins blancs doivent être préférés aux noirs, parce qu'ils sont moins chargés d'extractif, plus communément précoces et féconds, et fournissent des sirops moins colorés ;

6.º Que la maturité du raisin est l'époque où la presque totalité du sucre est formée, et la condition essentielle qui doit régler tout le travail ; qu'il faut le cueillir après le lever du soleil, quand il est un peu fané ; préférer les grappes qui ont mûri à la base des sarmens, et dont les grains sont peu serrés ;

7.º Qu'on peut accélérer au midi la maturité du raisin, en dépouillant la vigne des pampres qui interceptent les rayons du soleil, en laissant les grappes séjourner au cep jusqu'après le temps des vendanges ; et au nord, en les rentrant à la maison, en les étendant sur la paille : on augmente par-là l'état sucré du raisin, on lui fait perdre son humidité surabondante, et on diminue les frais d'évaporation de son moût ;

8.º Que le raisin du nord qui a dépassé son point de maturité, se gâte par excès d'humidité ; que le raisin du midi, au contraire, qui se trouve dans le même cas, se conserve, à cause de son excès de sucre ;

9.° Que la ménagère, après avoir séparé avec soin de la grappe les grains verts et les grains gâtés, doit se borner à ne retirer que la moitié de ce que le raisin contient de jus, afin de n'avoir que le *moût vierge, la mère goutte,* qui appartient à la portion la plus mûre de ce fruit ; et parce que cette première opération bien exécutée, influe sur le succès de toutes les autres ;

10.° Que les deux opérations, l'égrappage et le foulage, bonnes pour la préparation de certains vins, sont inutiles et même dangereuses pour celle des sirops. C'est le premier suc provenant des raisins les plus mûrs qui coule naturellement par l'effet de la plus légère pression qu'on doit réserver pour ce genre de fabrication ;

11.° Que le moût restant du marc après une faible expression, contient plus d'extrait que de sucre ; que soumis à la fermentation, il peut fournir ou des vins communs, ou une piquette plus ou moins forte, et par l'acétification un bon vinaigre ;

12.° Que le *mutisme* est le moyen connu et pratiqué de temps immémorial, dans plusieurs de nos départemens, pour garantir le moût, au sortir du pressoir, de la fermentation jusqu'au moment où il s'agit de lui faire subir toutes les opérations qui le convertissent en sirop ; que ce moyen conservatoire, inutile à la ménagère, est d'une nécessité indispensable pour le fabricant, c'est-à-dire, pour le travail en grand ;

13.° Que ce serait un grand pas de fait vers la perfection des sirops, si, d'une part, on parvenait à en séparer l'extractif et le parenchyme suspendu dans le moût, avant que l'action du feu opère la dissolution et la combinaison de ces deux substances, et que, de l'autre, on vînt à bout de concentrer ce fluide aux trois quarts de son volume, sans feu, par l'évaporation spontanée à l'air, au moyen des procédés économiques qu'on emploie dans les bâtimens de graduation pour les eaux salines, ou de la compléter par la congellation appliquée aux petits vins et au vinaigre, à l'aide de laquelle on enleverait pendant l'hiver, d'un moût soufré, l'eau surabondante sous forme de glaçons, ce qui donnerait un suc épais, voisin de l'état sirupeux, peut-être même du sucre, sans avoir coûté de frais de combustible ni subi la moindre altération ;

14.° Que la saturation du moût peut s'exécuter à diverses températures ; mais que celle à chaud est préférable, pourvu qu'elle n'excède pas soixante degrés ;

15.° Que le procédé par lequel on débarrasse le sucre de raisins des acides que ce fruit contient, n'est absolument que l'application de celui qui est usité dans le traitement du vesou, du moyen employé dans les parties méridionales de l'Europe pour diminuer dans le moût la quantité du tartre;

16.° Que le mode de saturation par les cendres est le plus défectueux de tous; que c'est par l'intermède de la craie ou du marbre blanc qu'il est nécessaire d'y procéder; que le marbre blanc a même un avantage sur la craie, en ce qu'il se sépare instantanément du moût;

17.° Que la proportion des désacidifians varie infiniment; qu'il en faut plus au nord qu'au midi; que pour cent pintes de moût, par exemple, c'est environ six onces de craie et deux livres de marbre : n'ajouter l'un ou l'autre que quand la liqueur est sur le point de bouillir, et après en avoir enlevé toutes les écumes, dont la soustraction prompte et entière prépare et facilite l'action des désacidifians et des clarifians;

18.° Que les signes auxquels on s'arrête pour juger le point de saturation du moût désacidifié, sont équivoques; que l'unique moyen de ne pas se tromper, c'est d'ajouter un peu de craie ou de marbre blanc après que l'effervescence ou bouillonnement a cessé, parce que l'excédant ne saurait nuire à la qualité du sirop, et qu'il demeure confondu sur le filtre avec les écumes et les sels

insolubles résultant de la décomposition des tartrites de potasse, &c. ;

19.° Que parmi les clarifians recommandés,
il n'y a que les blancs d'œufs cassés séparément et
battus avec un peu d'eau, qu'on puisse employer
avec sécurité ; que trois suffisent pour vingt-cinq
livres de moût ;

20.° Que quand les œufs sont trop chers sur les
lieux des fabriques, il faut les remplacer par la
sérosité du sang de bœuf ou de mouton, lorsqu'il
est possible de s'en procurer à bon compte : on doit
même la préférer. C'est un kilogramme par quintal ;

21.° Que les autres clarifians qui ont été essayés
ne sauraient être admis, parce qu'ils réagissent
sur les principes du sirop de raisins, et changent
sa qualité. Tout sirop trouble par une cause quelconque n'est admissible pour aucun service ;

22.° Que le moût parfaitement saturé et clarifié, laisse toujours précipiter, à mesure qu'il se
rapproche de l'état de sirop, une matière *salino-
terreuse*, d'autant plus sensible que l'on étend le
sirop dans un fluide aqueux ou alcoolique : cette
matière, qui n'est autre chose que des tartrites ou
malates calcaires, n'offusque que l'imagination ;
elle est inodore, insipide, et de nul effet dans
l'économie animale vivante : on peut facilement la
séparer par la décantation, et diriger ses efforts

vers

vers les moyens de diminuer la quantité de celle
que la saturation du moût introduit dans le sirop,
en cherchant un autre mode d'en soustraire les
acides ;

23.° Que les sirops du moût désacidifié ou non,
perdent, dans le mois qui suit leur préparation,
la fluidité et la transparence qu'ils avaient au sortir
de la chaudière. Cet effet, d'autant plus marqué
que le sirop a plus de cuisson, ne peut être
attribué ni à la congélation, ni à l'action de l'air
et de la lumière ; c'est une propriété inhérente au
sucre de raisins, et un rapport de plus qu'il a avec
le miel, lequel, après avoir été exprimé des alvéoles,
est également liquide et se prend en masse. Dans
cet état demi - solide, ce sirop n'en est pas moins
propre à tous les usages : il reprend au premier
bouillon sa fluidité et sa transparence ;

24.° Que l'attention de tant recommander de
ménager le feu et d'éviter que le moût n'atteigne
le degré de l'ébullition, est une précaution absolument inutile, contraire même à la qualité des
sirops ; que c'est à la rapidité de l'évaporation
de ce fluide et au refroidissement subit qu'il
éprouve, qu'il doit toutes ses qualités ; qu'on les
détruit par la simple chaleur du bain - marie, et
qu'un long séjour avec le calorique leur est extrêmement préjudiciable ;

A a

25.° Que, quelle que soit l'espèce de raisins, en quelque lieu qu'ils aient mûri, le sirop est toujours plus ou moins acide; qu'il perd entièrement cette acidité par la saturation du moût, d'où résulte ce que l'on nomme *un sirop doux*, lequel, pour être parfaitement conditionné, exige le concours de cinq opérations principales; savoir :

La saturation du moût,

La clarification,

La cuisson brusquée,

Le refroidissement prompt,

La décantation.

La première consiste à exposer le moût au feu dans des chaudières peu profondes, à larges surfaces, et placées sur des fourneaux qui ne reçoivent l'action du calorique que sous leurs parties inférieures; et dès qu'il approche du degré de l'ébullition, à enlever les écumes, à y ajouter les désacidifians à différentes reprises, à agiter chaque fois la liqueur retirée du feu, à la laisser déposer un moment avant de la décanter.

La deuxième exige de replacer sur le feu le moût écumé, désacidifié; et quand il est près de bouillir, d'y jeter les clarifians indiqués, de passer ensuite la liqueur bouillante à travers un tissu de laine.

La troisième concerne l'évaporation du moût :

il faut la brusquer, et pousser la cuisson jusqu'à ce que le liquide file comme l'huile.

La quatrième consiste à le faire passer dans un serpentin plongé dans l'eau froide, et arriver dans le vase où il doit former le dépôt.

La cinquième enfin, c'est de verser les sirops dans des vaisseaux plus étroits que larges, et de ne les décanter que quinze jours après, pour en séparer le dépôt, et les distribuer dans des bouteilles de médiocre capacité placées au frais;

26.° Que, pour préparer sa provision annuelle de sirop, la ménagère doit évaporer le moût à mesure qu'il est exprimé, attendu que, dans les pays, chauds, où la fermentation commence deux heures après son séjour dans la cuve, et se termine quelquefois en un jour, le moindre délai lui ferait éprouver un grand déchet dans le produit;

27.° Que, moyennant deux procédés différens, on peut obtenir de la même espèce de raisins, soit au midi, soit au nord, deux qualités de sirops distinctes, l'un doux, l'autre aigrelet : le premier, en saturant le moût; le second, en réduisant la liqueur à moitié, la laissant déposer pendant trois jours, la décantant, et lui donnant ensuite la consistance requise;

28.° Que la conserve de raisins n'est, à proprement parler, que la réunion des principes du moût sous un petit volume ; que, pour la préparer, on peut se servir immédiatement de ce fluide, évaporé brusquement jusqu'à la consistance d'un miel fort épais ou des sirops également réduits, avoir soin d'agiter continuellement le liquide vers la fin de la cuisson, pour qu'il n'adhère pas au vaisseau, et ne contracte pas un goût âcre de caramel ; d'où résultent deux conserves, l'une douce, l'autre acide : toutes deux peuvent se garder, se transporter au loin, et être employées ou à faire des sirops, ou à restaurer les petits vins verts et plats du nord, ou les mauvaises vendanges ;

29.° Que si le sirop doux de raisins se rapproche de celui de canne par la propriété sucrante, le corps auquel il doit cette propriété en diffère essentiellement par des caractères qu'il ne faut pas confondre : il paraît composé de deux matières distinctes, l'une liquide, l'autre concrète, appelée *moscouade,* plus ou moins colorée et pâteuse ; on la dessèche et on la blanchit à la faveur de l'alcool, des acides affaiblis et de la compression ;

30.° Que cette moscouade ou sucre solide ne s'obtient jusqu'à présent qu'en faisant le sacrifice d'une grande partie de sucre liquide, qui possède à un plus haut degré la faculté sucrante ; que, par conséquent, la forme de sirop est celle qu'il faut préférer ; qu'elle est moins coûteuse ; qu'elle peut s'exécuter facilement par-tout ; qu'enfin, le nom de sirop laisse dans l'esprit l'idée d'une simple opération de cuisine, c'est le premier travail du sucrier ; et la moscouade suppose le résultat d'un procédé compliqué de laboratoire ;

31.° Que, si une maîtresse de maison, exercée dans la cuisson des fruits, peut se dispenser d'avoir recours au pèse-liqueur pour juger de la consistance à donner aux sirops et conserves de raisins, cet instrument cependant deviendrait utile dans les ateliers, d'abord, pour déterminer à-peu-près la quantité de sirop que le moût est en état de fournir, et ensuite son degré de cuisson. En plongeant l'aréomètre de *Baumé* dans le sirop bouillant, il doit marquer de trente-trois à trente-six degrés, suivant sa destination ;

32.° Que l'on ne doit pas juger des sirops par leur densité apparente, mais bien par leur densité spécifique ; que ceux préparés au midi pèsent davantage que les sirops du nord ; que les premiers doivent leur pesanteur à la matière sucrée, et les seconds à la substance gommeuse et extractive ;

33.° Que c'est une vérité aujourd'hui bien établie, que la faculté sucrante du sirop de raisins décroît à mesure qu'il demeure sur le feu pour se rapprocher de l'état pur et concret ; que l'écume

A a 3

qu'on en sépare à mesure qu'il bout, est plus douce que ce qui reste du liquide sur lequel on l'a enlevé ;

34.° Qu'il existe trois sources principales où il est possible de puiser la matière sucrante; savoir, la *canne*, le *raisin* et le *miel ;* que la première est celle qui produit le plus d'effet; vient ensuite le raisin du midi, puis le meilleur miel ;

35.° Que, quoique le raisin soit au *maximum* de puissance sucrante sous forme de sirop, cependant ce sirop, à poids égal, dulcifie moins que celui de cassonade; et qu'il faut en employer un tiers de plus pour le suppléer ;

36.° Que les raisins, pour devenir ce qu'on nomme *raisins de caisse*, dont on distingue plusieurs espèces dans le commerce, perdent un tiers de leur poids, c'est-à-dire, que trois cents livres de raisins verts donnent cent livres de raisins secs : les raisins noirs, les raisins blancs, peuvent servir indifféremment à cette préparation ; tous recèlent dans un grand état de concentration le corps sucré, et peuvent, à l'aide de l'eau et du feu, fournir, non-seulement des sirops à une grande distance des cantons vignobles, et long-temps après la vendange, mais encore des vins, de l'eau-de-vie, des ratafias, du vinaigre, dont la qualité pourrait déterminer les habitans du nord à les adopter en remplacement de ceux qu'ils ne peuvent se procurer sur les lieux ; ce qui donnerait occasion à de nouvelles fabriques, augmenterait le débit de ces fruits secs dans nos départemens méridionaux, recherchés pendant l'hiver pour le dessert ;

37.° Que l'art de faire des sirops et conserves de raisins étant du ressort de la pharmacie, j'ai dû recommander aux hommes qui exercent cette profession utile, le perfectionnement des procédés opératoires, pour atteindre, sous tous les rapports, la facilité et l'économie du travail, la pureté, la quantité et la conservation des produits ; que ces sirops pourraient bien être moins susceptibles de fermentation qu'on ne pense, parce que, dans leur préparation, on a séparé nécessairement du moût les matières les plus propres à faire les fonctions de levain ;

38.° Que, si l'un et l'autre sirops peuvent servir pour tous les besoins de la vie, la conserve du midi, employée dans la cuve, réparerait au nord les vices de la vendange, et celle du nord donnerait aux raisins trop sucrés la faculté de subir plus avantageusement les lois de la fermentation, de fournir un vin plus généreux et d'une garde moins difficile : c'est par un tel échange qu'on parviendrait à donner à tous les vins de France de la qualité, et même les avantages qu'on recherche dans les vins de liqueur étrangers ;

A a 4

39.º Que la conserve de raisins mérite, dans les cas dont il s'agit, sur la concentration du moût, sur l'addition du sucre de canne et du miel, la prééminence, puisqu'elle opère infiniment plus d'effet et n'en a aucun des inconvéniens ;

40.º Que, pour employer cette conserve à la cuve, il faut lui donner une fluidité comparable à celle de la masse qui doit la recevoir, la délayer dans quatre fois son poids de moût chauffé, et, lorsque le mélange est voisin de l'ébullition, le verser aussitôt en agitant le tout vivement ;

41.º Que la proportion de conserve à ajouter à la cuve doit varier chaque année ; que c'est communément huit à dix kilogrammes par hectolitre ;

42.º Que le sirop doux résultant d'un moût complétement désacidifié, pourra se confondre avec le lait, sans opérer de coagulation, pourvu toutefois qu'on ne fasse pas bouillir concurremment ces deux fluides, puisqu'alors l'amidon, la gomme et le sucre de canne font tourner le lait ;

43.º Qu'il n'y aura jamais d'économie, même au nord, à faire servir les sirops de pommes et de poires, de matière sucrante ; que ces sucs épaissis ne doivent absolument leur consistance qu'à une matière parenchymateuse extractive, et à un peu de muqueux sucré analogue à la manne, suffisant à peine pour l'assaisonnement de ces fruits ;

44.° Que c'est à tort qu'on s'obstine à assimiler le sucre de raisins à celui de canne; que les élémens qui les constituent sont entièrement différens; qu'ils ont chacun des caractères particuliers qui leur appartiennent, et que, réduits sous la même forme, il n'y a vraisemblablement d'autres rapports entre eux que la faculté sucrante, et une grande aptitude à la fermentation, dont les phénomènes les plus remarquables sont la disparition du principe sucré et sa transformation en alcool;

45.° Qu'en se rappelant tout ce que l'industrie humaine est parvenue à faire en faveur du sucre de canne, et combien il y a loin de l'état de vesou au sucre raffiné, on doit concevoir de flatteuses espérances pour extraire du raisin le sucre le plus parfait, sur-tout si le savant, le fabricant et le vigneron remplissent la tâche qui leur est respectivement assignée dans ce concours d'efforts;

46.° Que le sucre contenu dans la betterave et les autres racines potagères, moins intéressant pour la France que pour les contrées septentrionales de l'Europe, et dont l'extraction conviendra seulement aux riches qui ne veulent que du sucre sec et cristallisable, se rapproche beaucoup de celui de la canne;

47.° Que quand la végétation ou l'art associe

des acides au sucre de canne, il éprouve des modifications qui lui donnent toutes les propriétés inhérentes à la matière sucrée du raisin, et à celle du miel, qui lui est analogue;

48.° Que le nom de *mucoso - sucré* convient mieux à la matière sucrée du raisin que celui de sucre, lequel, étant pur, ne fermente point sans le concours d'un levain, tandis que l'autre possède tous les élémens de la fermentation vineuse à un haut degré, et que pour donner au premier cette faculté, il faut l'amener à l'état de *mucoso-sucré*;

49.° Que le procédé des ménagères les plus exercées pour préparer le *raisiné*, est défectueux; qu'elles peuvent le perfectionner, en employant le moût extrait par une légère pression du raisin le plus mûr, sans égrappage ni foulage, en évaporant le liquide à un quart ou un tiers, suivant le climat; en laissant déposer pendant deux jours; en séparant le dépôt par la décantation, et en continuant le rapprochement jusqu'à la consistance requise;

50.° Que ce raisiné, trop sucré au midi et trop acide au nord, pourrait s'améliorer l'un par l'autre, au moyen d'un simple mélange, sans embarras comme sans frais, si le commerce de cette confiture populaire était un objet de fabrique entre

(379)

les cantons vignobles des deux extrémités de l'empire, comme va devenir celui des sirops et des
conserves, que les mêmes mains peuvent préparer,
avec autant de facilité et de succès que le raisiné,
les vins cuits, &c.;

51.° Que le miel, qui a été pendant long-temps
l'unique ressource sucrante de nos aïeux, se trouve
aujourd'hui remplacé avantageusement par le sirop
de raisins, qui, de plus, est en état de suppléer le
sucre des Indes, dans la généralité de ses usages;

52.° Que le moût pur, réduit sous différentes
formes, n'offre pas seulement à l'économie domestique des moyens d'asaisonner les alimens et les
boissons; que la médecine y trouvera un secours
de plus dans les maladies bilieuses, putrides, inflammatoires; que la pharmacie pourra s'en servir
comme d'un excipient pour les électuaires, les conserves et les sirops médicamenteux; que les liquoristes, confiseurs et limonadiers, qui consomment
aussi beaucoup de sucre, auront de même un supplément pour faire leurs liqueurs de table, fruits à
l'eau - de - vie, gelées, marmelades et compotes,
édulcorer toutes les boissons de luxe et de fantaisie,
chaudes ou fraîches ;

53.° Que dans la confection des ratafias, le moyen
d'opérer promptement le mélange du sirop de raisins avec l'eau-de-vie, qui en sont les véhicules

indispensables, c'est d'employer le premier constamment dans l'état bouillant; la liqueur acquiert
en un instant, par ce moyen, un caractère de
vétusté en quoi consiste sa perfection ;

54.° Que c'est entrer dans les vues du Gouvernement et les seconder, que de recommander
de propager, de multiplier, sur-tout dans les cantons vignobles, les procédés à l'aide desquels
chacun peut faire dans son ménage sa provision
de sucre, ou d'une substance qui en tient lieu,
et d'approprier à cet utile emploi une de nos productions territoriales les plus intéressantes ;

55.° Que la préparation en grand des sirops
et conserves de raisins deviendra une branche
essentielle d'industrie et de commerce, particulièrement pour la France, où l'abondance, la qualité
et la diversité des raisins, considérées sous ce point
de vue, doivent être regardées comme une mine
de richesse et un garant de notre indépendance,
puisqu'elle nous affranchirait du tribut que nous
payons au Nouveau-Monde pour le sucre. Cette
seule considération doit suffire pour exciter au travail, faire naître au midi le desir d'établir des
fabriques, et d'ajouter ces produits nouveaux de
la vigne, aux ressources de ses habitans ; avec
d'autant plus de raison, que les préparations dont
il s'agit ont cela d'avantageux sur l'art de faire le

sucre, qu'elles sont praticables dans toutes les localités et par de simples vignerons, qu'elles n'exigent pas une trop grande mise de fonds, des appareils compliqués, de nombreux ouvriers, des ateliers spacieux, &c. ;

56.° Que, quel que soit l'état des choses, paix ou guerre maritime, la vente du sucre de canne et de ses produits sera considérablement réduite de ce qu'elle a été autrefois, quand bien même le sucre liquide et le sucre concrescible du raisin qui compose sa moscouade, resteraient encore long-temps dans l'état d'imperfection où l'un et l'autre se trouvent à cette époque ; qu'une pareille conquête est déjà d'une si haute importance commerciale, qu'on ne peut qu'en conjecturer les effets.

Pénétré depuis long-temps de cette vérité, que le moyen le plus efficace de faciliter l'intelligence d'un procédé, c'est de l'exécuter sous les yeux de ceux auxquels il importe d'en communiquer les résultats, de répondre sur-le-champ à leurs objections et de lever tous leurs doutes, il n'est pas d'occasion dont je n'aie profité dans cette vue. Et en effet, quand on veut de bonne foi servir les hommes, il faut employer, pour les convaincre, l'expérience ; *la voie du précepte est longue, celle de l'exemple est courte :* il faut ne pas se borner à leur dire une seule fois ce qu'on a vu, ce qu'on a fait, et ce qu'il est nécessaire de faire ; ne jamais se lasser de le reproduire sous toutes les formes et dans un langage familier aux classes les plus nombreuses. Ce n'est qu'en popularisant les sciences, si je puis m'exprimer ainsi, qu'on parvient à les rendre immédiatement utiles à la société, et que ceux qui les cultivent acquièrent quelques droits à la reconnaissance de leurs contemporains et de la postérité.

F I N.

TABLE

De ce qui est contenu dans ce Traité.

*A*VERTISSEMENT............... page   5.
Aux bonnes ménagères des cantons vignobles..   13.
Introduction. ....   19.

PREMIÈRE PARTIE.

Considérations générales sur les végétaux d'où l'on a extrait du sucre...................   25.
Sucre de maïs.........................   29.
Sucre de betterave.......................   35.
Sucre de canne. ....   44.
De la vigne...........................   53.
Du raisin.............................   58.
Choix des espèces et variétés..............   59.
Maturité des raisins....................   63.
Du moût.............................   67.
Composition du moût ....   69.
Préparation du moût....................   90.
Piquette.............................   73.
Du mutisme..........................   74.

(384)

Évaporation du moût.............. page 83.

——————— par les bâtimens de graduation... 84.

——————— par la gelée................. 87.

——————— par le calorique............. 88.

Saturation du moût................. 90.

Craie............................ 94.

Marbre blanc..................... 95.

Saturation à froid................ 97.

——————— à chaud.................. 99.

Clarification du moût.............. 103.

——————— par les blancs d'œufs.......... 104.

——————— par les sulfates............. 105.

——————— par le charbon.............. 106.

De la cuisson du moût............ .... 108.

Préparation des sirops et conserves de raisins. 113.

Sirop doux..................... ...... 120.

——— acide...................... 121.

Conserves de raisins.................. 122.

——————— douce.................. 123.

——————— acide.................. 124.

Procédé de la ménagère................ 126.

——————— du pharmacien................ 130.

——————— du manufacturier............. 134.

Des fabriques de sirops et conserves de raisins. 137.

Des raisins secs.................... 153.

Préparation des raisins à Roquevaire...... 155.

——————————— dans la Calabre.... 160.

Sirop

(385)

Sirop doux de raisins secs . . . . page 163.

—— *acide de raisins secs* . . . . 164.

Caractères spécifiques des sirops de raisins . . . . 167.

Concrétion du sirop . . . . 168.

Analogie du sirop avec le miel . . . . 175.

Des effets de la matière sucrante . . . . 177.

Inconvéniens des sirops de raisins . . . . 187.

Prix des sirops de raisins . . . . 195.

Tableaux des produits en sirop de raisins obtenus, en 1807, à la pharmacie de l'hôpital militaire de Toulon . . . . 197.

—————— *à la pharmacie des hôpitaux civils de Paris* . . . . 198.

SECONDE PARTIE.

Application des sirops et conserves de raisins à la cuve en fermentation . . . . 203.

Emploi des sirops de raisins dans l'économie animale . . . . 232.

Usage dans l'économie domestique . . . . 233.

—————— *la médecine* . . . . 236.

—————— *les pharmacies civiles et militaires* . 240.

Rapport des inspecteurs généraux du service de santé des armées, sur l'emploi des sirops de raisins du midi dans les préparations pharmaceutiques . . . . 244.

Lettre de M. Serullas, pharmacien en chef de

B b

(386)

l'hôpital militaire de Moncalier, à MM. les membres composant la société d'agriculture du département de la Seine . . . . page 247.

Confitures de raisins . . . . 259.

Préparation du raisiné . . . . 263.

Choix des fruits pour la confection du raisiné . . 264.

Appropriation des fruits pour le raisiné . . . . . . 267.

Procédés divers pour préparer le raisiné . . . . . . ibid.

Premier procédé . . . . 268.

Raisiné composé du midi.—Deuxième procédé . ibid.

——— simple du nord.—Premier procédé . . 269.

——— composé du nord.—Deuxième procédé . 270.

——————— Troisième procédé . ibid.

Caractères d'un bon raisiné . . . . 271.

Conservation du raisiné . . . . 273.

Commerce de raisiné . . . . 274.

Prix du raisiné . . . . 276.

Usage du raisiné . . . . 277.

Sirops, compotes, marmelades et gelées préparés avec les fruits à pepins, à noyaux, &c . . . . 279.

Sirops de pommes et de poires . . . . 282.

Essai du sirop de pommes . . . . 283.

Raisiné au cidre et au poiré . . . . 285.

Compotes de fruits . . . . 289.

Gelée et marmelade de coings . . . . 290.

Sirop de carottes . . . . ibid.

Préparation du sirop de carottes . . . . 292.

(387)

Du miel.......................... page 294.
Qualité du miel..................... 296.
Sophistication du miel................ 297.
Pain d'épice...................... 301.
Formation du miel.................. 304.
Encouragement des ruches............. 305.
Des liqueurs de table................ 309.
Hippocras....................... 314.
Vin cuit......................... 315.
Vin cuit au midi................... 317.
————— au nord................... ibid.
Des ratafias...................... 318.
Ratafia de raisins.................. 319.
————— des quatre fruits............. 320.
————— de Curaçao................ ibid.
————— de noyaux .... 322.
Élixir de Garus.................... ibid.
Coings confits..................... 323.
Des boissons usitées dans l'état chaud........ 325.
Bavaroise........................ 326.
Chocolat........................ ibid.
Thé............................ ibid.
Café........................... 327.
Des crémes et fromages glacés............ 328.
Hydromels....................... 329.
————— simple.................... 330.
————— vineux simple............... 331.

Vins de liqueur . . . . page 336.
Réflexions générales sur le sucre . . . . 344.
Résumé . . . . 362.

FIN DE LA TABLE.

ERRATA.

Page 14, ligne 28, quantité, *lisez* qualités.
Page 63, ligne 5, cueillade, *lisez* œillade.
Page 194, ligne 25, Fougue, *lisez* Fouque.